湖北省社会公益出版专项资金
Hubei Special Funds for Public Service Publications

中华神算

（上册）

王能超　王学东　著

華中科技大學出版社
http://www.hustp.com
中国·武汉

内 容 简 介

中华古算中蕴含着中华先贤的大智慧。本书探究其中最为神奇的几个热点问题,合称“中华神算”。

发明二进制的 Leibniz 曾明确指出,古代中国的伏羲把握着二进制方法的“宝钥”。本书第一卷《正本清源二进制》阐明了 Leibniz 这一论断的合理性与正确性。第二卷《超算通行二分法》说明了“伏羲宝钥”诱导生成的二分演化技术,对超级计算机的高效算法设计具有一定的启迪和指导意义。

刘徽是中国数学史上伟大的数学家。本书第三卷《逼近加速割圆术》介绍了刘徽的割圆术,其中的极限思想和逼近加速技术是中华先贤前瞻性思维的一个明证,对当代的数值计算软件的设计具有很高的指导意义。第四卷《测高望远重差术》破解了刘徽的重差术,展现了一种被称为“刘徽勾股”的新的几何学体系。这一体系与欧几里得公理化体系迥然不同,它回避了平行线的纠缠,摒弃了角度测量之类的烦琐手续,因而其原理容易理解,其方法容易掌握,并且其计算容易在计算机上实现。

本书的宗旨是汇通古今,熔铸中外,让古老的中华神算重现辉煌,在复兴中华的伟大事业中展现新的光彩。本书可供广大的数学爱好者和科研工作者阅读。

谨以本书纪念著名的教育家、敬爱的老校长朱九思先生！

序 中华数学颂

浩荡南海掀巨浪，巍峨喜马拉雅插云天！

在广袤的中华大地上，中华民族创造了辉煌的中华文明，培育出壮美的中华数学。

中华数学源远而流长。

中华上古先民很早就开始了数学探索，他们结绳计数，创立了八卦形式的二进制数。大地湾丰富的考古资料表明，上古某个时期，某个氏族内出现了某个“大”人物，他，指导先民结网捕鱼，种植庄稼。关于“伏羲”的传说就是这个时期的文化遗存。

伏羲二进制早在六七千年以前就有了中华数学的萌芽。

中华文明是唯一的始终没有中断的人类文明。中华上古先贤的大智慧融入后代子孙的灵魂里。当今中国人研制的超级计算机世界领先，中国已经成为全球拥有最多超级计算机的国家，超级计算中广泛应用了“伏羲宝钥”——所谓二分演化技术。二分演化技术的普适性成就了新型的演化数学方法。

本书的前两卷

1. 正本清源二进制

2. 超算通行二分法

是“祖孙篇”，它们阐述了二分演化技术的“前世”和“今生”。

公元3世纪，伟大的刘徽登上了历史舞台，中华数学的面貌焕然一新。

为计算圆周率，刘徽从圆的内接正六边形做起，二分割圆到正 24 边形、正 48 边形、正 96 边形……刘徽割圆到正 192 边形后，他突然“发力”，用正 96 边形和正 192 边形两个粗糙的近似值，加权平均获得正 3072 边形高精度的近似值，这是一项超前思维的伟大成就。

逼近加速是微积分方法的软肋，至今仍是高性能计算的瓶颈。刘徽的加速技术，长久被湮埋在历史的尘埃里，应该让它重见天日了。

重差术的命运比割圆术更坎坷。早在三四千年前，上古先贤陈子设置所谓重差系统观天测地，后来刘徽改进了重差系统，用于日常的测高望远。重差术这种几何算法基于勾股测量，回避了平行线的纠缠，摈弃了角度测量之类的烦琐手续，从而消除了欧氏公理化方法的弊端，是人类数学史上的一株奇葩。千百年来，众多中外学者潜心研究重差术，始终得不到真谛和要领，这方面的研究来日方长。

总之，本书的后两卷

3. 逼近加速割圆术

4. 测高望远重差术

是“姊妹篇”，是刘徽数学的双翼。

“谁言寸草心，报得三春晖。”本书献给哺育我们成长的革命前辈们。前辈们高尚的人格魅力永远是我们光辉的榜样。我们一定会铭记前辈们的教导，努力为复兴中华的伟大事业而奋斗终生！

复兴先贤伟业，
重振中华雄风！

目　录

第一卷　正本清源二进制

下篇 “伏羲宝钥”放异彩

第二卷 超算通行二分法

上篇　Walsh 演化分析

中篇　快速算法设计

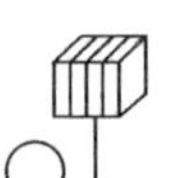

下篇　同步并行算法

第一卷

正本清源二进制

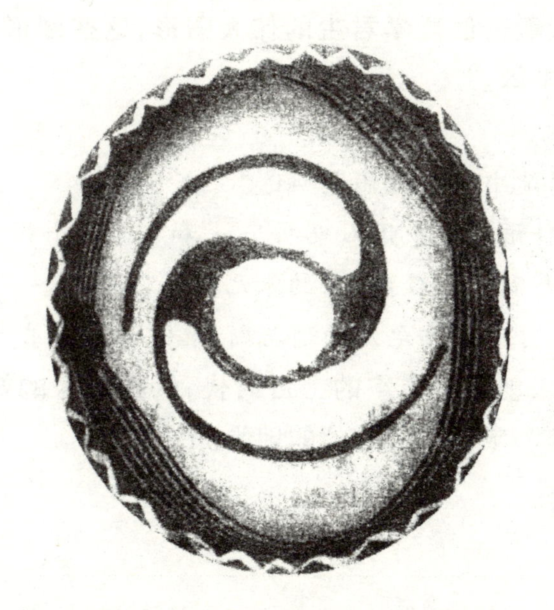

（本插图是甘肃省天水市附近大地湾遗址出土的“旋纹盘”，这件六七千年前的珍贵文物，其造型酷似动态的伏羲太极图）

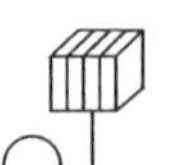

“宝钥”赞

二进制是计算机科学的理论基础。

众所周知,天才的 Leibniz 早在三百多年前(1703 年)就发明了二进制。

Leibniz 在发表《论二进制算术》这篇划时代的论文时,曾激动地指出这是一类“不可思议的新方法”,并且强调中华先哲伏羲“把握着此方法的宝钥”。

Leibniz 高度评价了伏羲宝钥:

“易图是伏羲这位哲学君主的伟大图形,这些图形可能是世界上最古老的科学丰碑。”

确实,易图是中国人的伟大创造。

符号是一种语言。中国人发明“- -”和“—”两个符号表示阴和阳,这两个符号简易到了极致,而且韵味无穷。“—”和“- -”既可以表示数字的奇和偶,又可以刻画电流的通与断,真是妙不可言。

在人类尚未创造出文字的上古时代,伏羲符号的妙处“尽在不言中”,到了“不着一字,尽得风流”的地步。

前 言

二进制是计算机科学的理论基础。

众所周知，天才的 Leibniz 早在三百多年前（1703 年）就发明了二进制。

Leibniz 在发表《论二进制算术》这篇划时代的论文时，曾激动地指出这是一类“不可思议的新方法”，并且强调中华先哲伏羲“把握着此方法的宝钥”。

本卷将剖析 Leibniz 这种说法的深刻含义。

本卷的论点在历史上众说纷纭，莫衷一是。本卷在撰写的过程中主要参阅了下列两篇文献：

[1]（德）Leibniz 著，孙永平译.《关于只用 0 和 1 两个记号的二进制算术的阐述，和对它的用途以及它所给出的中国古代伏羲图的意义的评注》（简称为《论二进制算术》），1703 年. 译文载于《国际易学研究》，201～206 页.

[2]（日）五来欣造著，刘百闵、刘燕谷译.《儒教对于德国政治思想的影响》，商务印书馆（北京），1938 年.

对这两篇文献有必要交代几句：

[1] 文是 Leibniz 三百多年前撰写的关于二进制的经典文献。本卷篇末转载了这篇文献的译文。

[2] 文作者五来欣造，日本早稻田大学教授。早在一百多年前他曾游历英、法、德诸国，潜心研究儒教对欧洲的政治影响，并赴德国研究Leibniz的札记，从而发现了东西方两大文明传播碰撞的脉络和经纬。

引论 可怕的“大爆炸”

小时候夜晚遥望星空，满天繁星怎么也数不清。长大后才知道，宇宙间星星的数目是个“大数据”。

孕妇“十月怀胎”，科学知识告诉人们，婴儿是由一颗小小的受精卵发育而成的。这个发育过程是个“大爆炸”。

所谓“大数据”、“大爆炸”，其中的含义是什么呢？

先讲一个古老的传说。

0.1 关于印度象棋的故事

传说古印度有位宰相，把自己发明的象棋呈献给国王。国王对这个充满智慧的游戏着了迷，许诺要给予重赏。他问宰相想要些什么。宰相卑躬屈膝地说：

“尊敬的陛下，请赏些麦子给你的仆人吧。请在象棋的第 1 格放 1 粒麦子，第 2 格放 2 粒，第 3 格放 4 粒，第 4 格放 8 粒，如此令麦子粒数一格一格地成倍增加，直到把棋盘的 64 格全部放满为止。”

这一说法如图 1 所示。

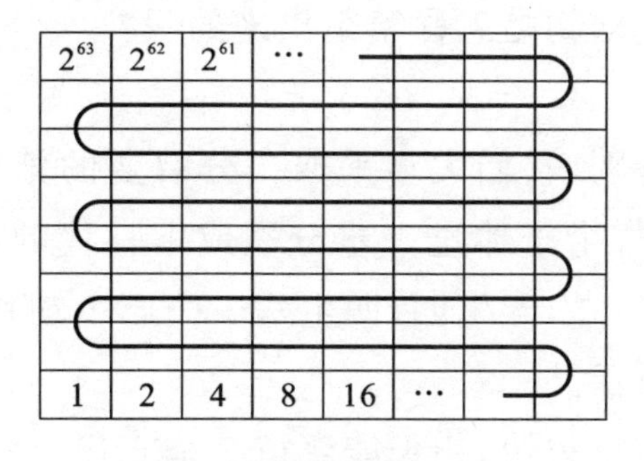

图 1 让棋盘上堆满麦子

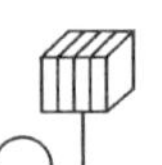

国王觉得这个要求不算过分，就很爽快地答应了。一袋一袋麦子从国库的粮仓内搬了出来。令人大为吃惊的是，直到王国仓库内的小麦全部掏空，棋盘上竟还留下一些空格。

小小棋盘竟成了一个永远填不满的“无底洞”！

这是怎么一回事呢？

今天，连中小学生都会计算出棋盘内所需麦粒总数为

$$1+2+4+8+\cdots+2^{63}=2^{64}-1(\text{粒})$$

数字 2^{64} 大得惊人，它是个**大数据**。实际估算得出的结论是，2^{64} 粒相当于当时全世界数百年小麦产量的总和。怪不得国王永远无法兑现他的承诺！

诸如此类的例子还有不少。

0.2　大自然的演化方式

世间万物生生不息。生物的繁衍是个不断演化的无穷过程。

如果用显微镜观察随意取自江河湖泊中的一杯水，人们会发现有许许多多微小生物在水中浮游。这是一些单细胞的**原生动物**。它们是地球上最原始的生物，出现在 10 多亿年以前。原生动物的数量如此巨大，它们充满了地球上大大小小的自然水域。

这么多的原生动物是怎样繁衍出来的呢？

原生动物很特别，它们大多采取**二分裂变**的繁殖方式：一个母体分裂成两个子体，每个子体进一步分裂成下一代的两个子体，如此不断地二分下去，一生二，二生四，四生八……原生动物的这种繁衍过程如图 2 的**二叉树**所示。

原生动物繁衍得很快，一天能繁衍 2 至 6 代，如此快速地繁衍，将会产生什么样的后果呢？

假设某种原生动物一天能繁衍 4 代，而且它们的后代个个都能

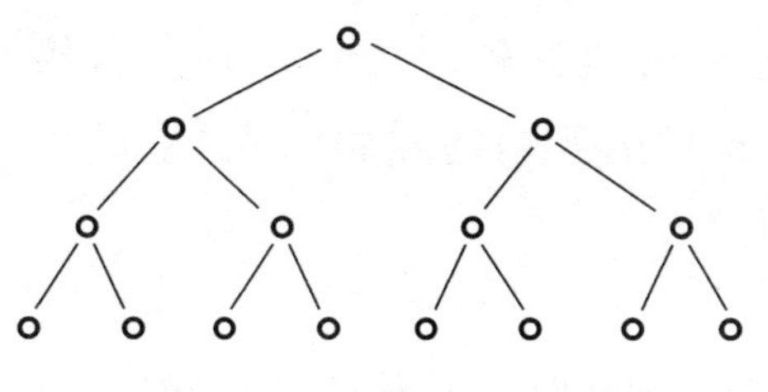

图 2　二分裂变的繁衍方式

存活，那么，一个月后其后代的总数约为 $2^{30\times4}$ 个。又设每个仅重 1 mg，那么**一个原生动物所繁衍出的后代的总重量将会超过整个地球的重量。**

可怕的“大爆炸”！

当然，事实上并没有出现这种“灾难”。究其原因，是由于大量的原生动物被自然淘汰了。这些低等动物处于地球生物链的最末端，它们作为食物直接或间接地供养着地球上的众多生物。

如此二分裂变的事例还有很多，诸如细胞的分裂、原子核的裂变、病毒（包括计算机病毒）的传播等，很多事物的繁衍往往采取这种逐步倍增的增长方式。这是大自然中常见的一类演化方式。

0.3　玄妙的二进制数

如前所述，在二分裂变过程中，人们面对两个数列：一个是记录演化步数的自然数列

$$k=0,1,2,3,\cdots$$

一个是求得演化结果数的**倍增数列**

$$2^k=1,2,4,8,\cdots$$

我们看到，当步数 k 增大时，结果数 2^k 之“巨”是人们无法想象

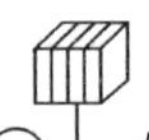

的。这两个数列属于不同的“档次”：自然数列$\{k\}$是人们所熟悉的，因为它很自然而称之为**自然数列**；与此不同的是，倍增数列$\{2^k\}$虽然形式并不复杂，但它因变化极端剧烈而令人“望而生畏”，它是人类思维的一个盲区。

这种“可怕的”倍增数列与人类计算有联系吗？

事实是，在今天的计算机上，任何一个数据 a 均需表达为倍增数列$\{2^k\}$的线性组合：

$$a=a_0 2^0+a_1 2^1+a_2 2^2+\cdots+a_n 2^n$$

式中系数 $a_0, a_1, a_2, \cdots, a_n$ 非 0 即 1。将由 0 和 1 两个字符组成的系数 a_k 从低位到高位顺序排列，所生成的数字

$$a_n a_{n-1} a_{n-2} \cdots a_1 a_0$$

称作所给数据 a 的**二进制数形式**。

这种二进制数看起来很玄妙，其中究竟蕴含有怎样的奥秘呢？

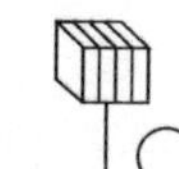

上篇　Leibniz“不可思议的新发现”

第1章　Leibniz猜想

1.1　Leibniz发明了二进制

1703年的5月5日，Leibniz发表了一篇划时代的学术论文**《关于只用0和1两个记号的二进制算术的阐述，和对它的用途以及它所给出的中国古代伏羲图的意义的评注》**。

下面简称这篇论文为**《论二进制算术》**，从此二进制诞生了。

人们都很熟悉十进制。十进制算术使用十个数码0,1,2,…,9，累加时逢十进一。设从0出发逐步累加1，有

$$0\to1\to2\to3\to\cdots\to9$$

逢十进一，进一步累加下去有

$$10\to11\to12\to\cdots\to19$$

如此等等。

与十进制不同，二进制算术仅仅使用两个数码0和1，在逐步累加的过程中，二进制采取“逢二进一”的进位规则，即有

$$0+1=1,\quad 1+1=10$$

二进制的10相当于十进制的2，然后再累加1生成

$$10+1=11,\quad 11+1=100$$

这里的100相当于十进制的4。如此继续做下去，有

$$100+1=101,\quad 101+1=110$$

$$110+1=111,\quad 111+1=1000$$

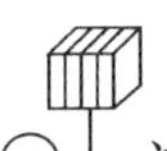

这里 1000 相当于十进制的 8。

数的运算可以采用不同的数制。事实上，人类文明史上不同民族曾采用过多种数制，如十进制、十二进制、十六进制等。不言而喻，二进制是最简单的一种数制。类比十进制，二进制的加减乘除运算显得极为简便。Leibniz 在其《论二进制算术》的论文中，用几个算例揭示二进制的运算法则，请读者参看本卷附录。

(1) 加法。

注意到 $0+0=0,0+1=1,1+0=1,1+1=10$，有

$$\begin{array}{rcccc||l} & & 1 & 1 & 0 & 6 \\ +) & & 1 & 1 & 1 & 7 \\ \hline & 1 & 1 & 0 & 1 & 13 \end{array} \qquad \begin{array}{rccccc||l} & & & 1 & 0 & 1 & 5 \\ +) & & 1 & 0 & 1 & 1 & 11 \\ \hline & 1 & 0 & 0 & 0 & 0 & 16 \end{array}$$

$$\begin{array}{rccccc||l} & & 1 & 1 & 1 & 0 & 14 \\ +) & 1 & 0 & 0 & 0 & 1 & 17 \\ \hline & 1 & 1 & 1 & 1 & 1 & 31 \end{array}$$

(2) 减法。

注意到 $0-0=0,1-0=1,1-1=0,10-1=1$，有

$$\begin{array}{rcccc||l} & 1 & 1 & 0 & 1 & 13 \\ -) & & 1 & 1 & 1 & 7 \\ \hline & & 1 & 1 & 0 & 6 \end{array} \qquad \begin{array}{rccccc||l} & 1 & 0 & 0 & 0 & 0 & 16 \\ -) & & 1 & 0 & 1 & 1 & 11 \\ \hline & & & 1 & 0 & 1 & 5 \end{array}$$

$$\begin{array}{rccccc||l} & 1 & 1 & 1 & 1 & 1 & 31 \\ -) & 1 & 0 & 0 & 0 & 1 & 17 \\ \hline & & 1 & 1 & 1 & 0 & 14 \end{array}$$

(3) 乘法。

乘法是加法的缩记，注意到 $0\times0=0,0\times1=0,1\times0=0,1\times1=1$，有

$$11\times11=11\times10+11\times1=110+11=1001$$

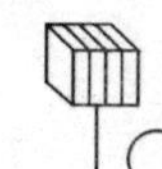

			1	1	3
×)			1	1	3
			1	1	
		1	1		
	1	0	0	1	9

		1	0	1	5
×)			1	1	3
		1	0	1	
	1	0	1		
	1	1	1	1	15

			1	0	1	5
×)			1	0	1	5
			1	0	1	
	1	0	1			
	1	1	0	0	1	25

(4) 除法。

除法似乎复杂点。如 1111÷11 的算式是

$$
\begin{array}{rcccc}
 & & 1 & 0 & 1 \\ \cline{2-5}
11) & 1 & 1 & 1 & 1 \\
 & 1 & 1 & & \\ \cline{2-5}
 & & & 1 & 1 \\
 & & & 1 & 1 \\ \cline{2-5}
 & & & & 0
\end{array}
$$

结果有 1111÷11＝101，即 15÷3＝5。

在人类所使用的种种数制中，二进制算术自然最为简单。正如 Leibniz 在其论文《论二进制算术》中所强调的那样，二进制算术如此简单，它完全不需要强记任何死的知识，譬如 6＋7＝13，5×3＝15 之类。

平凡的简单往往没有意义。如此简单的二进制算术有实用价值吗？

Leibniz 是个学风严谨的科学家，他治学时厚积薄发，研究成果在深思熟虑后才考虑发表。据史学考证，Leibniz 早在 1679 年 3 月 15 日就曾经用拉丁文撰写了二进制算术的手稿，然而这份手稿竟被搁置了 20 多年。在如此漫长的岁月中，Leibniz 在期待什么呢？

1.2 百科全书式的天才

1646 年 7 月 1 日 Leibniz 生于德国莱比锡。他从小聪敏好学，是

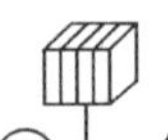

个罕见的神童。Leibniz 的中小学基础教育主要是自学完成的。他 16 岁进入莱比锡大学学习法律,并钻研哲学。1666 年,20 岁的 Leibniz 获得博士学位,并被聘为大学教授。

Leibniz 曾被卷入各种政治斗争,但他始终没有中断科学研究。他的研究兴趣极为广泛,被科学界誉为"百科全书式的天才"(见图 3)。

图 3　百科全书式的天才 Leibniz

Leibniz 承认自己"直到 1672 年还基本上不懂数学"。1672 年,他作为大使访问巴黎。这次访问使他结识了许多数学家,特别是与惠更斯的交往,激起了他对数学的兴趣。就在这一年他制作了一台能够进行四则运算的计算机,并于 1673 年在伦敦皇家学会上进行了演示。

Leibniz 最突出的成就是创建了微积分方法。尽管数学史上曾爆发过激烈的微积分学优先权之争,但最终结论是 Leibniz 与 Newton 各自独立地发明了微积分。这个裁决是公正的。事实上,Leibniz 创造的微积分符号一直沿用到今天。

Leibniz 盛赞悠久的中华文明，他在一本著作的序言中，提倡东西方应密切接触和交流，他认为，“全人类最伟大的文明与文化，现已集合在亚欧大陆的两个极端，即欧洲与东方海岸的中国”。（见文献[2]，256 页）

Leibniz 对中华民族怀有特别的好感，并给予崇高的评价，他曾赞扬说：

“现在如有一圣人欲选择一个优秀民族加以奖励，那么，他的金苹果的赐予一定会落在中国人的身上。”（文献[2]，261 页）

1703 年前后，一个偶然的事件，吸引了全世界科学家关注的目光，Leibniz 的二进制竟碰上了古老的伏羲八卦图，结果是东西方两大文明相互结识，相互碰撞，迸发出耀眼的智慧之光，一个“不可思议”的新思维提出来了。

1.3 “发现了从未使用过的计算方法”

让我们再回到三百多年前，重温 Leibniz 提出二进制的历史进程：

● 1679 年 3 月 15 日，Leibniz 用拉丁文撰写了二进制手稿。

● 事隔 20 多年之后的 1701 年，论文在法国科学院宣读，但 Leibniz 要求暂不发表。

● 1703 年 4 月 1 日，Leibniz 收到法国传教士白晋发自中国的伏羲六十四卦方位图和伏羲六十四卦次序图。一个月之后，这一年的 5 月 5 日，Leibniz 在法国科学院发表了划时代的论文《论二进制算术》。

Leibniz 的这篇论文原题为“关于只用 0 和 1 两个记号的二进制算术的阐述，和对它的用途以及它所给出的中国古代伏羲图的意义的评注”。所谓伏羲符号指阴阳八卦。Leibniz **这篇论文分上下两部分，前半部分介绍二进制的定义和二进制的运算，占有达一半篇幅的后半部分则用于介绍二进制与伏羲八卦图的联系，意在阐述二进制的哲学背景。**

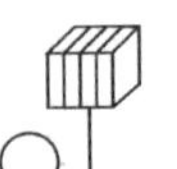

Leibniz 高度评价这一发现的伟大意义,他在给友人的一封信中无比激动地说:

“我居然发现了从未使用过的计算方法,这新方法对一切发人深省的数学都放射着异常的光彩,并且借此方法的帮助,对人类所难理解的学问也极有贡献。”

1.4 “伏羲把握着此方法的宝钥”

意味深长的是,Leibniz 在兴奋之余接着指出:

“我们试从各种材料加以考察。我们知道古代的伏羲把握着此方法的宝钥。”(文献[2],269 页)

在提出二进制的过程中,Leibniz 热忱地赞颂了中华先祖伏羲:

“伏羲这伟人是显示了物的创造者之神。”

“伏羲易图是这位哲学君主的伟大图形……这些图形可能是世界上最古老的科学丰碑。”

“易图是留传于宇宙间的科学中之最古老的纪念物。”(文献[2],270 页)

依据 Leibniz 本人的这些论述,人们得出的结论是:

二进制提示了一类不可思议的新方法。中华先哲伏羲把握着此方法的宝钥。

我们称这一命题为“Leibniz **猜想**”。

本书第一卷的主要目的是论证 Leibniz 的这个猜想。

伏羲是远古的一位中华先祖,传说距今已有六七千年。**在科学尚未真正萌芽的伏羲时代,可能发现作为近代信息科学理论基础的二进制吗?**

Leibniz 猜想令人不可思议。

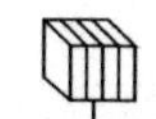

问题在于，在远古时代，没有文字，自然不可能有“真凭实据”的考古资料，该如何论证 Leibniz 猜想呢？

后文将从多个方面展开我们的论述，其中包括汉字的神韵、绳结之神奇、数制的变迁、易理之阐发，以及超算之应用等。

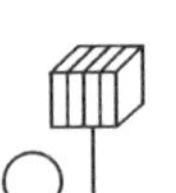

中篇　追根溯源问伏羲

第2章　如何论证 Leibniz 猜想

天水市是中华文明发祥地之一，相传是“三皇之首”羲皇的故里。大地湾原始村落遗址中有大量珍贵文物，如图4所示的“旋纹盘”很可能是伏羲太极图早期的一种实物造型。

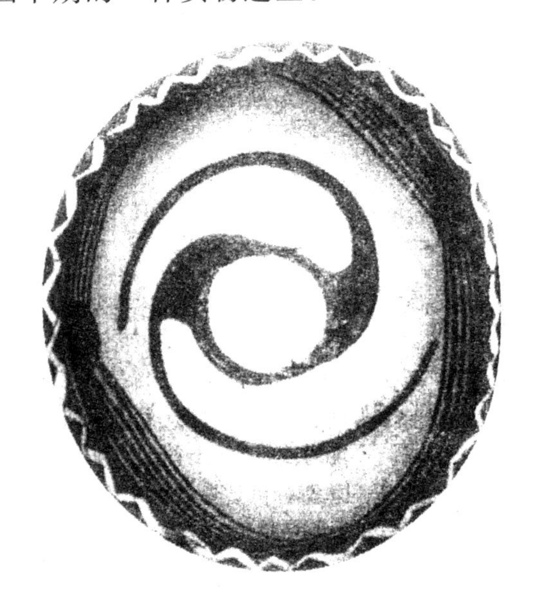

图4　大地湾出土文物“旋纹盘”

中华文明有悠久的历史。当华夏大地上的原始人走出山洞，逐渐拥有了区别于动物的文化，成为万物之灵，继而发明了人工取火、狩猎种植，甚至制作出琴瑟……时，可能某个时期在某个族群内诞生出某个非凡的人物，建立起不朽的文化功绩，出现了人类文明的大爆发。这些事件代代相传，长久地遗留在上古先民的记忆中……

“伏羲”可能是这种文化遗存的千年积淀。

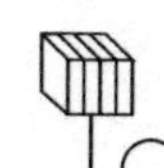

2.1 汉字的神韵

Leibniz 可能预见到他的猜想难以为人们所接受，在《论二进制算术》这篇论文中，启示人们从“中国的文字”中去“寻根溯源”。他说：**“如果我们对中国文字寻根溯源，或许还可以发现与数的观念有关的重大的东西。”**

Leibniz 真是个天才，他并不熟悉汉字，但他对汉字的深刻理解却是发人深省的。听从 Leibniz 的启示我们考察了几个古体汉字，确实发现了一些有趣的东西。

确实，汉字是神奇的，它不仅是一些文字符号，同时是一些精美的艺术品。汉字的书法艺术如诗如画。

不仅如此，汉字也是中华文明的活载体。汉字当中蕴含有中华先民的大智慧。

我们可以通过汉字与古人沟通，同古人对话。

2.1.1 伏羲何许人？

先破译汉字“伏羲”（见图 5）。从伏羲这个名字中我们会感悟到什么呢？

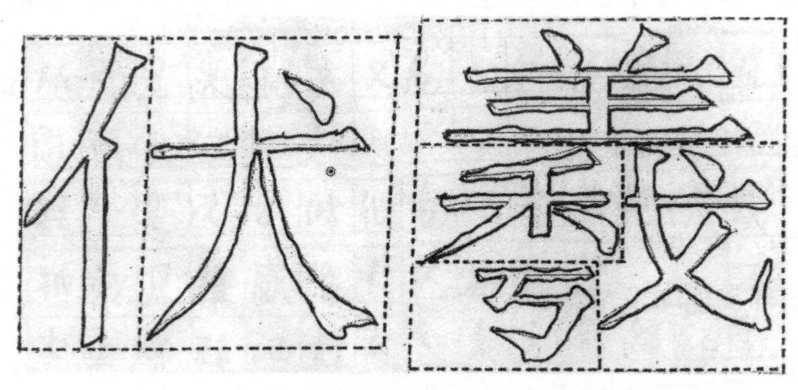

图 5 感悟汉字“伏羲”的含义

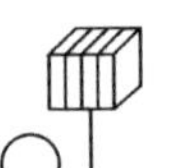

先看“伏”字,左侧是人字旁,右侧是个犬字。人与狗为伴,这意味着什么呢?

“羲”字可分解为“⺶”、“禾”、“丂”与“戈”4 个小块,“丂”呈鱼钩状,“戈”为古代兵器,两者表示这是一个渔猎部落。打渔狩猎,当然少不了带上几条驯化了的猎犬。此外,“禾”字表示部落的人已学会种植粮食,上端的“⺶”标志为戴有动物头角的部落首领。

这番分析与汉语词典中的注解是吻合的:

“伏羲,神话中的中华人文始祖,他教民结网,率领部落的人从事渔猎畜牧。”

2.1.2　数从哪里来?

数从哪里来?这又是一个不容易明明白白回答的问题。

“数”是远古时代古人类长期实践、观察并通过抽象思维感悟的产物。

古书上明确记载有“上古结绳计数”的说法。这种说法是有根据的。据调查,直到不久之前,世界上仍然有一些少数民族还在“结绳计数”呢!

图 6 是个古体汉字“数”。它是个象形字,表征用手拨弄绳结的形象。古体“数”字是上古结绳计数方法的有力佐证。

再仔细推敲图 6 的古体汉字“数”,一个明显的问题是其左侧的绳结形象怪异,它不像真实的绳结,姑且称之为**虚拟绳结**。

我们看到,虚拟绳结两端有头有尾,结点排序有高有低,结点形状有正有反,这些预示什么含义呢?

这种虚拟绳结是从哪里来的?

图 6 古体“数”字表征用手拨弄绳结

2.2 绳结之神奇

2.2.1 结绳计数好处多

前已指出，中华先民的计数方法是打绳结。

古人打渔狩猎归来，自然关心这次劳作究竟捕获了多少猎物。他们选取一条绳索，在绳索上打些结点表示猎物的个数。

为什么上古先民选用绳索来计数，而不是采取“刻木计数”之类的其他方法呢？

同其他计数方法比较，结绳计数有一系列独特的优越性，诸如：

- 绳索容易制作，材料代价低廉。
- 打结方法简单，无需其他辅助工具。
- 绳索可随意变形，便于携带保管。

特别需要强调指出的是，绳索刚柔并济，结点的相对位置不变，但绳索可随意卷成任何形状，这就为绳索的快速计数创造了条件。

因此，**绳结不但可以作为一种简便的计数工具，而且又是一种简易的计算工具**。

2.2.2 快速计数有奇招

在结绳计数时古人会碰到这样的烦恼：日积月累，结点个数越来越多，这时该怎样快速地标记并计算结点个数呢？

如果绳索上结点非常多，一个自然的想法是采取“大事化小”的策略，逐步缩减绳索上结点个数。譬如将所给绳索对折二分，每二分一次结点个数便缩减一半。因此只要多次二分，总可以使结点数变得很少，从而达到“小事化了”的目的。

怎样具体设计这种**二分手续**呢？

实际运用二分法时，每一步都会面对两种抉择：如果所给结点为奇数，则二分手续后多余一个二分点，这时称生成**实二分点**“○”；反之，如果所给结点为偶数，则二分手续没有多余的二分点，这时称生成**虚二分点**“●”。

这样，每个二分步均被赋予阴阳属性，而整个二分过程被标志为虚实二分点的一个序列。

试看一个简单的例子。

如图 7 所示，设绳索上有 13 个结点。

步 1 二分一次，由于二分前结点数为奇数，二分步生成一个实二分点。

步 2 再二分一次，由于二分前结点数为偶数，二分步生成一个虚二分点。

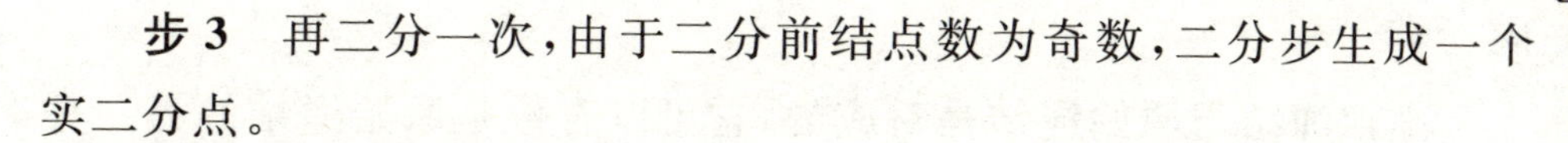

步 3 再二分一次，由于二分前结点数为奇数，二分步生成一个实二分点。

步 4 结果生成一个实二分点。

一个明显的事实是，所给绳结具有图 7 右侧所列的二分特性。另一方面，二分特性完全决定了所给绳索的状态。也就是说，所给绳结与二分点列是一一对应的。

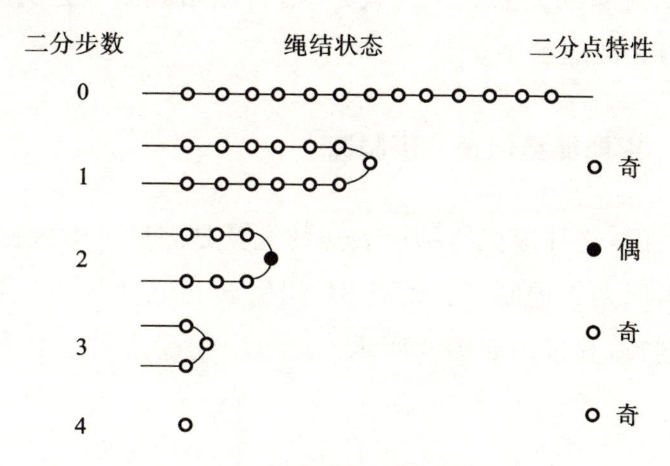

图 7 绳结的二分过程

按二分步数将虚实二分点从右往左顺序排列，则在二分过程中生成了一串**虚拟绳结**，由图 7 右侧知

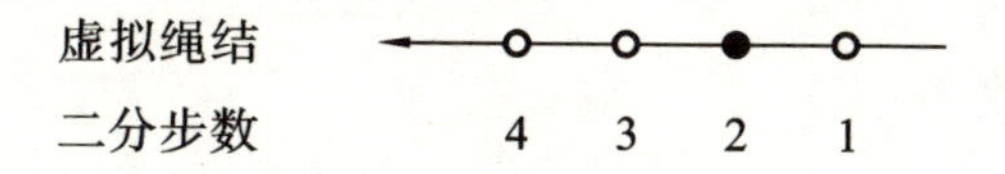

图 8 虚拟绳结的生成

与原始绳结不同，确实如图 6 古体汉字“数”所显示的那样，虚拟绳结具有如下三个特点：

(1) 对偶性。虚拟绳结的每个结点均被赋予阴阳属性，以刻画二分步所面对的结点数是偶数还是奇数。

(2) 层次性。虚拟绳结的每个结点有排位先后之分，以刻画二分过程的步序。

(3) 方向性。虚拟绳结有头有尾，以刻画结点排位由低向高的指

向。

虚拟绳结与原始绳结是对应的，它可以看作是原始绳结的另一种表现方式，但它们两者又有实质性的差异。

虚拟绳结与原始绳结比较，两者显著的差异是，它们的结点数差别悬殊。譬如 64 位的虚拟绳结可以表示 2^{64} 个结点的原始绳结，而 2^{64} 是个无法想象的大数据。这就是说，**将原始绳结表达为虚拟绳结，结点数被极大地压缩了。**

2.2.3 虚拟绳结记录二进制数

自然会问，这种虚拟绳结所表达的究竟是怎样一类数据呢？

我们再回到二进制。针对前例，用辗转相除法将十进制数 13 转化成二进制数，其过程如图 9 所示。

		余数
2	13	1
2	6	0
2	3	1
	1	1

图 9　二进制数的生成

故 13 的二进制数为

$$13=(1\quad 1\quad 0\quad 1)_2$$

比较二进制数的转化过程与前述虚拟绳结的生成过程，容易看出，两者是完全一致的。

据此得知，在远古时代，中华先祖在结绳计数过程中，早已熟练地将原始绳结加工成虚拟绳结，**这种做法的实质是，中华上古先民，早已熟知并广泛使用了二进制。**

这是一个不可想象而又不容置疑的客观事实！

2.3 数制的变迁

在数千年的中华文明史上，中华先民曾广泛地采用了多种数制。特别地，中国人独创了十六进制，进而首创了十进制。

2.3.1 十六进制是中国人的独创

中国人有个成语："半斤八两。"半斤等于八两，一斤等于十六两，这是采用十六进制。

直到20世纪80年代改革开放初期，中国的计数系统还广泛采用十六进制。

令人记忆犹新的是，在1960年前后的三年困难时期，人们都特别关注自己的"口粮"，那时的粮票称1斤为16两。

为什么中国人偏爱十六进制呢？显然这是历史的传承，因为十六进制只是二进制的缩记。

十六进制是中国人在二进制数基础上的一个独特的创造。二进制与十六进制竟被中国人沿用了好几千年。

2.3.2 十进制是中国人的首创

《周易·系辞》上说："上古结绳而治，后世圣人易之以书契……"。在古代中国，随着时代的进步，殷墟甲骨文出现了。在甲骨文中广泛使用十进制数，绳结表达的二进制数无影无踪。

原来，随着时代的进步，计算工具不断更新，计算的"硬件设备"换成了**算筹**。算筹是些竹片。古体"算"字写成"筭"，其含义为，计算过程就是用十个手指摆弄小竹片的算筹。

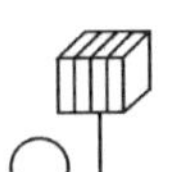

算筹的发明和广泛应用,对中国古代数学的发展产生了巨大而深远的影响。精于计算是中国古代数学的一大特色。用算筹进行计算,简称**筹算**。

用算筹进行计算,先要区分数据中的数字和位值,这类同于电算时要把数字的尾数和阶码区分开来。问题在于怎样识别数字的位值呢?这个困扰古代文明的一大难题,竟被智慧的中国先哲轻而易举地解决了。《孙子算经》说:

“凡算之法,先识其位。一纵十横,百立千僵。千十相望,万百相当。”

十进制的数符分纵横两种式样:

纵式　𝍠 𝍡 𝍢 𝍣 𝍤 𝍥 𝍦 𝍧 𝍨

横式　𝍩 𝍪 𝍫 𝍬 𝍭 𝍮 𝍯 𝍰 𝍱

实际计数时,个位用纵式,十位用横式,百位再用纵式,千位重新用横式,如此纵横相间。

这就是说,只要用纵和横两种方式就能区分高低数位。例如,数字“1234”的个位“4”用纵式,十位的“3”改用横式,百位“2”重新用纵式,千位“1”再用横式,而将数字“1234”表示为 𝍩 𝍡 𝍫 𝍣。

这种十进制计数法显然是二进制计数法的传承与发展。十进制的发明是中国人长期使用二进制的必然结果。

被马克思赞誉为“人类最美妙的发明之一”的十进制,是中国古代数学的一项伟大成就。

2.4　易理之阐发

上古先民的生存能力极为脆弱,面对虎啸狼嚎、电闪雷鸣的恶劣环境,他们不得不对这个世界进行最初的思考。经历了昼夜交替、寒暑变更，观察到草木枯荣、鸟兽繁衍，这一切使人们很自然地产生彼此对应的感受，萌发出阴阳分合的观念。

在阴阳观念的背景下，中华《易经》肯定了传说中的圣人伏羲，说他观察了天上的日月星辰，考察了地上的江河湖泊，说他近观人体形象，远看万物模样，结合自己的感悟，从中抽象地概括出阴阳八卦。

有关阴阳八卦的学说称作**易理**，刻画易理的图形称作**易图**。本节试图探究易理的内涵，以破解 Leibniz 猜想中“伏羲宝钥”的真实含义。

2.4.1　一阴一阳之谓道

中华传统文化往往带有神秘的色彩。神秘的东西中最神秘的莫过于阴阳八卦。其实，阴阳八卦既是玄妙而神秘的，同时又是质朴而易于理解的。

人们所说的太极思维，是在阴阳八卦图的诱导下形成的一种思维方式。

太极思维的立足点是阴阳观。按照《周易·系辞》的说法：**“一阴一阳之谓道。”**

浩瀚宇宙，大千世界，万事万物的属性各式各样，但它们的基本属性分为阴和阳：万性不外乎一雄一雌，万态不外乎一动一静，万质不外乎一刚一柔，万情不外乎一实一虚，万象不外乎一显一隐……

阴阳对立可以用各式各样的符号来表示。中华先哲创造了阳爻“—”和阴爻“- -”两个基本符号。这对符号形象生动而寓意深刻，譬如，它们既可以形象地表示数的奇和偶，亦可生动地刻画电流的通和断，如此等等。

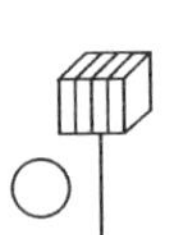

2.4.2 阴阳二分的伏羲易图

易学的基本观念是:任何事物都是一分为二的,也就是说,世间万事万物都具有阴和阳两种属性,而阴和阳又可再分为阴和阳,如此二分下去。这种二分过程可以用如下**伏羲易图**来刻画。需要指出的是,图 10 只画了三层,“三”就是“多”,这张伏羲易图可以延续到任意多层。

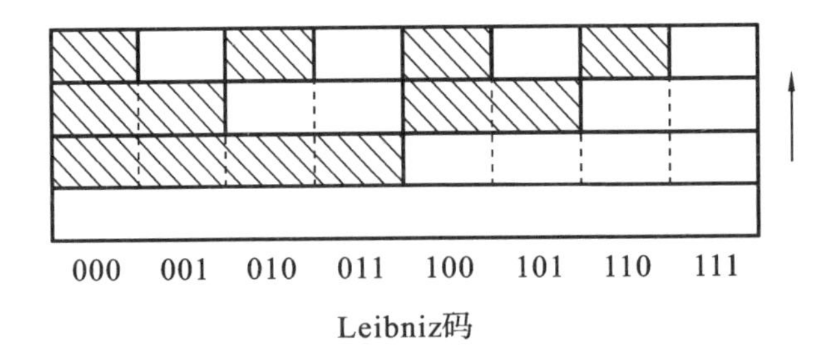

图 10 伏羲易图生成 Leibniz 码

将伏羲易图划分为 8 等份,如图中虚线所示,则每一等份称作**卦象**。组成卦象的阴阳符号▨ □分别称作**阴爻**和**阳爻**。

“卦象”,就是悬挂一些图像来启迪人们的思维。

如前所述,早在 300 多年前的 1700 年前后,天才的 Leibniz 就发现伏羲易图可用来表征二进制数。他将阴爻、阳爻分别理解为数码 0 和 1,并自下而上地观察伏羲易图的八个卦象,即可生成二进制数的**自然码**。因此,自然码亦称 **Leibniz 码**。

2.4.3 如影随形的镜像易图

既然任何事物都可以分为阴阳,刻画阴阳二分的易图也应该区分为阴和阳,那么,伏羲易图的逆反形式会是怎样的呢?

注意到伏羲易图具有平移对称性,如果改平移对称为镜像对称,则可生成如图 11 所示的**镜像易图**。

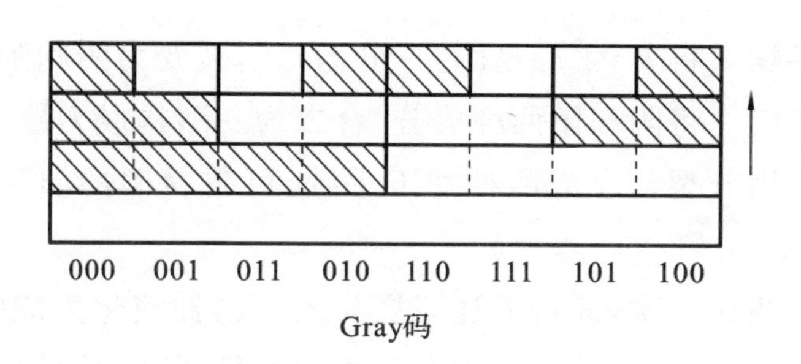

图 11　镜像易图生成 Gray 码

如同伏羲易图可用于表征二进制数一样，镜像易图亦可用于表征二进制数。类同于前述 Leibniz 码，将阴爻、阳爻分别理解为 0 和 1，并自下而上观察镜像易图的八个卦象，这样生成的二进制码称作 Gray 码。

2.4.4　动态易图的紧凑格式

任何事物的生长发展都是阴阳裂变过程，自然，刻画阴阳裂变机理的易图，无论是伏羲易图还是镜像易图，它们的生成也应该是个阴阳裂变过程。实际上，易图演化的每一步都包含分裂与合成两项手续：

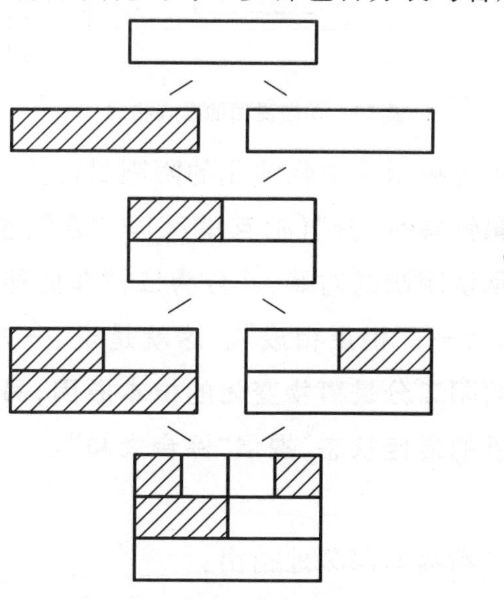

图 12　动态易图的演化生成

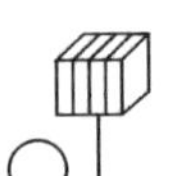

分裂手续　将 $k-1$ 层易图“一分为二”，裂变为阴和阳两种成分；

合成手续　将阴和阳两种成分“合二为一”，构成 k 层易图。

反复运用分裂与合成两种加工手续，可得易图的演化过程，如图 12 所示。

如果再演化一次，即得前述三层易图。这种演化生成的易图称为**动态易图**。不言而喻，动态易图与前述静态易图互为阴阳。

2.4.5　开启大智慧的一把金钥匙

动态易图的演化过程，其每一步循着同样的规则，先依分裂手续将原有的状态分裂为阴阳两种成分，然后再按合成手续，将阴阳两种成分合成为新的状态，这就是事物演化的**二分模式**，如图 13 所示。

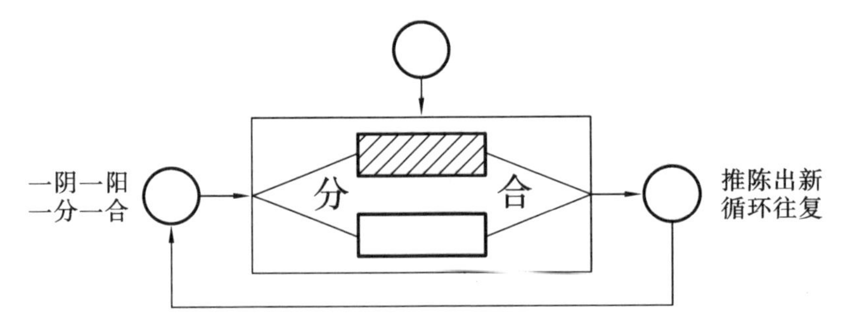

图 13　动态易图的紧凑格式

二分模式深刻地揭示了事物演化的阴阳属性。

事物的阴阳属性具有“分”(相互排斥)与“合”(彼此吸引)两种倾向。太极思维既承认阴阳的对峙，一分为二，“非此即彼”，同时又承认阴阳的合和，合二为一，“相反相成”。这就是说，一方面强调“刚柔相推而生变化”，即阴阳二分是事物变化的根本原因；另一方面又认为阴阳合和是事物发展的最佳状态，提倡“保合太和”。

《周易·系辞》精辟而深刻地指出：

“一阖一辟谓之变，往来不穷谓之通。”

这段文字是二分演化模式最为精彩的诠释。一辟一阖就是一分一合的意思。通过一“分”(分裂)一“合”(合成)两项手续,将事物从一种状态变到一种新的状态,如此循环往复地不断演化即可实现预想的目标。

这种二分演化模式正是人们苦苦寻觅的“伏羲宝钥”。它是开启人类大智慧的一把金钥匙。

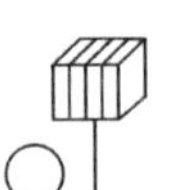

下篇 “伏羲宝钥”放异彩

Leibniz发现二进制与伏羲易图之间的神秘联系后，随即公布了自己积压多年的关于二进制算术的研究成果，并且充满激情地说：

“这新方法对一切发人深省的数学都放射着异常的光彩，并且借此方法的帮助，对人类所难理解的学问也极有贡献。我们试从各种材料加以考察。我们知道古代的伏羲把握着此方法的宝钥。”

遵从Leibniz的启示，我们运用伏羲宝钥即二分模式处理所从事的研究课题，考察的结果发现，伏羲宝钥即二分模式确实“放射着异常的光彩”，有些科学难题，运用二分演化竟然顺利地破解了。

第3章 序数编码

编码技术是刻画演化过程的一项基本技术。

引论0.2节介绍了二分演化方式。按照这种方式，一个节点生成两个节点，如此一生二，二生四，四生八……节点总数逐步倍增。二分演化的繁衍过程表现为如图2所示的二叉树。

按照二分裂变的演化方式，节点总数逐步倍增，第k步生成2^k个节点。如此繁衍若干步后，节点总数将大得惊人，人们惊呼这种演化方式为“大爆炸”。

人们自然关心，怎样区分识别不同节点呢？这种大爆炸能够驾驭吗？二叉树生成的众多节点能够管控吗？

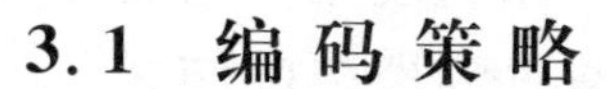

3.1 编码策略

3.1.1 命名问题

按照二分裂变的生成规律，一个物种只要繁衍 30 代，其家庭成员就高达 10 多亿。如此“芸芸众生”，如何给每个成员取个名字而彼此加以区分呢？

在二分裂变过程中，给这个家族的每个成员取个各自专用的“名字”，并且要求从每个名字中能辨认出其历代“宗祖”，这就是所谓的“命名问题”。

令人难以置信的是，这个看起来十分复杂的问题，解决的办法却极其简单，而且仅需使用两个符号，譬如 0 和 1。

将每个家族成员视为**节点**，在二分裂变过程中，每个节点生成两个节点，新老节点分别称为**子节点**与**母节点**。每演化一步生成一族子节点，这样，其第 1 族含有 2 个节点，第 2 族含有 4 个节点，第 3 族含有 8 个节点……第 k 族生成 2^k 个节点，如此形成序列 $0,1,2,\cdots,2^k-1$，如图 14 所示。

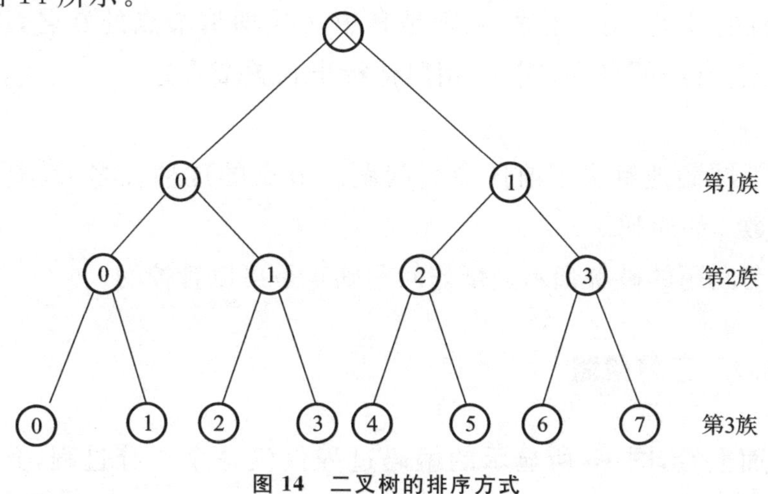

图 14 二叉树的排序方式

由于二分演化的每个家族成员抽象成二叉树的一个节点，家族成员的命名问题可理解为节点的编码问题。

对于二叉树，节点的编码规则非常简单，只要将母节点的序码末尾添加一位作为它的左右两个子节点的序码：譬如，令左节点添加末位 0，而右节点添加末位 1，如图 15 所示。这样生成的编码系统即能满足命名问题的要求。

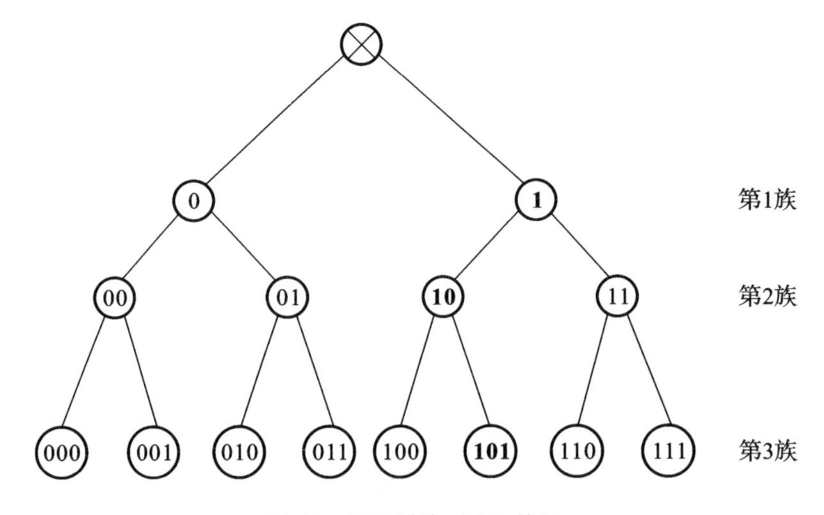

图 15　二叉树的二进制编码

例如，对于图 15 中第 3 族序号为 5 的节点 101，其首位“1”是其第 1 代先祖的姓名，前 2 位“10”则是其第 2 代即母节点的姓名，而末位“1”则是它自身的名字(图 15 用黑体标出相关节点)。

这就圆满地解决了前述命名问题。节点的这种姓名 $i_{k-1}i_{k-2}\cdots i_0$ 称作序数 i 的**序码**。

命名问题的破解预示大爆炸问题确实是可以管控的。

3.1.2　二分策略

表面上看，图 15 所显示的编码过程仅仅是个二分过程，其实，在编码过程的每一步都含有“分”(分裂)与“合”(合成)两种手续，不过在

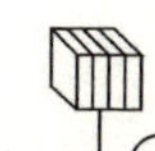

图 15 中，明显的“分”的手续掩盖了伴随的“合”的内涵。

在进一步揭示编码策略之前，先明确几个概念。

一个 $2n$ 维序列 $E=\{a_0,a_1,\cdots,a_{2n-1}\}$ 可按下列两项手续分裂为两个 n 维序列：

(1) **对半二分** 将 E 分裂为前后两个子序列

$$E_0=\{a_0,a_1,\cdots,a_{n-1}\},\quad E_1=\{a_n,a_{n+1},\cdots,a_{2n-1}\}$$

(2) **奇偶二分** 将 E 分裂为下标分别为奇偶的两个子序列

$$E_0=\{a_0,a_2\cdots,a_{2n-2}\},\quad E_1=\{a_1,a_3,\cdots,a_{2n-1}\}$$

与上述分裂手续相对应，下列两项手续则将两个 n 维序列 $E_0=\{a_0,a_1,\cdots,a_{n-1}\}$ 与 $E_1=\{b_0,b_1,\cdots,b_{n-1}\}$ 合成一个 $2n$ 维序列：

(1) **首尾接排** 将 E_0,E_1 作为前后两个子序列依次接排，合成为序列

$$E=\{a_0,a_1,\cdots,a_{n-1},b_0,b_1,\cdots,b_{n-1}\}$$

(2) **奇偶混排** 将 E_0,E_1 作为奇偶两个子序列交替混排，合成为序列

$$E=\{a_0,b_0,a_1,b_1,\cdots,a_{n-1},b_{n-1}\}$$

值得注意的是，分裂与合成两种手续显然是互反的。后面的论述将进一步揭示这样的事实：对半二分与奇偶二分两种分裂手续，首尾接排与奇偶混排两种合成手续，它们在某种意义上也具有逆反性与对偶性。

3.1.3 二分演化模式

考察图 15 所示的编码过程。设 I_k 为第 k 族节点 $\{0,1,\cdots,2^k-1\}$ 的序码，并将各族序码按图 16 所示的方式顺序排列。

从图 16 容易看出，如果将 I_k 对半二分，则其前半为 I_{k-1} 的每个序码添加首位 0，而后半则为 I_{k-1} 的每个序码添加首位 1。这就是说，I_k 可以看作是 I_{k-1} 按下列步骤演化生成的：

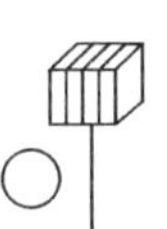

<table>
<tr><td colspan="8">*</td><td>I_0</td></tr>
<tr><td colspan="4">0</td><td colspan="4">1</td><td>I_1</td></tr>
<tr><td colspan="2">00</td><td colspan="2">01</td><td colspan="2">10</td><td colspan="2">11</td><td>I_2</td></tr>
<tr><td>000</td><td>001</td><td>010</td><td>011</td><td>100</td><td>101</td><td>110</td><td>111</td><td>I_3</td></tr>
</table>

图 16　序码的逐族排列

(1) I_{k-1}的每个序码添加**首位** 0,记所生成的序列为 $I(0)$;

(2) I_{k-1}的每个序码添加**首位** 1,记所生成的序列为 $I(1)$;

(3) $I(0)$与 $I(1)$**首尾接排**合成为 I_k。

这里,前两步合并称为**分裂步**,设用符号"∧"表示;而第 3 步则称**合成步**,设用符号"∨"表示。借助于一分一合两种加工手续,图 15 的编码过程亦可表述为图 17(对照图 16)。

$$\{0,1\}=I_1$$

∧

$$\{0-0,0-1\}\quad\{1-0,1-1\}$$

∨

$$\{00,01,10,11\}=I_2$$

∧

$$\{0-00,0-01,0-10,0-11\}\quad\{1-00,1-01,1-10,1-11\}$$

∨

$$\{000,001,010,011,100,101,110,111\}=I_3$$

图 17　序数编码的二分演化过程

这是一种全面体现二分技术的**链式流程图**,同树式演化的图 15 比较,后者以纵向伸长为代价换取了横向的压缩。

再考察图 17 的演化过程,其每一步都重复运用相同的演化法则,因此可将其链式流程图抽象为更加简洁的紧凑格式,如图 18 所示。

这种流程图实际上概括了序数编码的设计模式——**二分演化模式**,其中方框中的部分表示**演化法则**,内含**分裂步**(符号∧表示)与**合成步**(符号∨表示)两个环节,分裂步施行 **0 法则**与 **1 法则**两种加工手

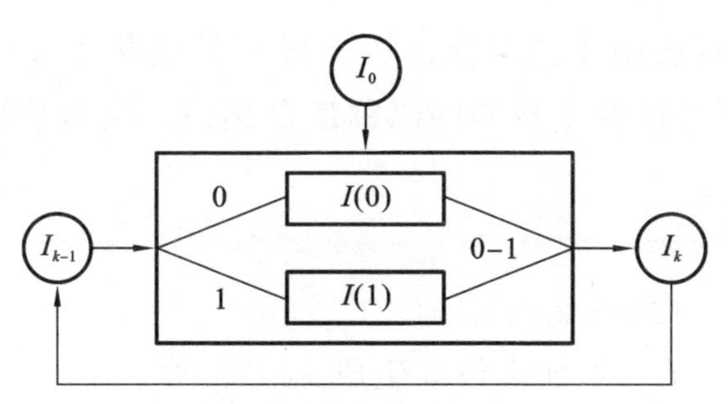

图 18　序数编码的二分演化模式

续，合成步施行 **0-1 法则**。

这样，序数编码过程可表述为：令 $I_0=\{空\}$，对 $k=1,2,\cdots$施行下列三项演化法则：

0 法则　将 I_{k-1}加工成某个序列 $I(0)$；

1 法则　将 I_{k-1}加工成某个序列 $I(1)$；

0-1 法则　将 $I(0)$与 $I(1)$合成为 I_k。

可以看到，前述编码方案从属于这种设计模式，除此之外是否还存在其他编码方案吗？

3.2　编码方案

本节介绍的几种编码方案全都从属于图 18 的二分演化模式，只是演化法则的具体内容不同。

3.2.1　自然码与反自然码

图 17 显示了一种编码方案，这种方案很自然，因此称**自然码**。如前所述，自然码 I_k 的演化法则是：

法则 1　（自然码）

0 法则　I_{k-1}添加首位 0 生成 $I(0)$；

1 法则　I_{k-1}添加首位 1 生成 $I(1)$；

0-1 法则　$I(0)$与 $I(1)$首尾接排合成为 I_k。

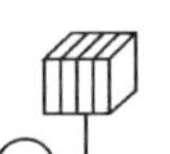

进一步考察法则 1 的对偶法则。设将其演化手续中的"首位"替换成"末位",这样演化生成的序码称**反自然码**。反自然码的演化法则是:

法则 2 (反自然码)

0 法则 I_{k-1}添加末位 0 生成 $I(0)$;

1 法则 I_{k-1}添加末位 1 生成 $I(1)$;

0-1 法则 $I(0)$与 $I(1)$首尾接排合成为 I_k。

反自然码的编码过程如图 19 所示。

$$\{0,1\}=I_1$$

$$\{0-0,1-0\} \quad \{0-1,1-1\}$$

$$\{00,10,01,11\}=I_2$$

$$\{00-0,10-0,01-0,11-0\} \quad \{00-1,10-1,01-1,11-1\}$$

$$\{000,100,010,110,001,101,011,111\}=I_3$$

图 19 反自然码的编码过程

称高低码位次序倒置产生的序码为原序码的**反写码**。比较法则 2 与法则 1 容易看出,反自然码其实是自然码的反写码。反自然码因此而得名。

3.2.2 Gray 码与反 Gray 码

再从另一个角度引进法则 1 的反法则。为此引进反序列的概念。对于给定的序列 $A=\{a_0,a_1,\cdots,a_{n-1}\}$,称前后次序倒置所生成的序列 $B=\{a_{n-1},a_{n-2},\cdots,a_0\}$为 A 的**反序列**,并记 $B=\hat{A}$。

再考察法则1。如果在其1法则中用反序列$\hat{I}_{k-1}$替换I_{k-1}，则这样演化生成的序码I_k称Gray **码**。Gray码的演化法则是：

法则3 （Gray码）

0法则 I_{k-1}添加首位0生成$I(0)$；

1法则 $\hat{I}_{k-1}$添加首位1生成$I(1)$；

0-1法则 $I(0)$与$I(1)$首尾接排合成为I_k。

图20展示了Gray码的编码过程。

$$\{0,1\}=I_1$$

{0—0,0—1} {1—1,1—0}

$$\{00,01,11,10\}=I_2$$

{0—00,0—01,0—11,0—10} {1—10,1—11,1—01,1—00}

$$\{000,001,011,010,110,111,101,100\}=I_3$$

图20 Gray**码的编码过程**

类似于演化生成反自然码的法则2，如果将法则3中的首位替换成末位，即可演化生成**反**Gray **码**。反Gray码的演化法则是：

法则4 （反Gray码）

0法则 I_{k-1}添加末位0生成$I(0)$；

1法则 $\hat{I}_{k-1}$添加末位1生成$I(1)$；

0-1法则 $I(0)$与$I(1)$首尾接排合成为I_k。

图21展示了反Gray码的编码过程。

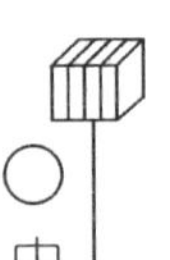

$$\{0,1\}=I_1$$

$$\{0-0,1-0\}\quad\{1-1,0-1\}$$

$$\{00,10,11,01\}=I_2$$

$$\{00-0,10-0,11-0,01-0\}\quad\{01-1,11-1,10-1,00-1\}$$

$$\{000,100,110,010,011,111,101,001\}=I_3$$

图 21　反 Gray 码的编码过程

3.3　对称性复制

对称性的考虑使编码过程的表述进一步简化。

基于对称性,可以运用简单的复制手续演化生成各种序码。复制,亦称克隆(clone),是一种基本的演化手续。所谓复制,就是基于对称性与互反性再现原先的状态。

首先考察自然码的生成。按法则 1 知,由老序列 I_{k-1} 所加工出的新序列 I_k 具有递推关系

$$I_k=\{I(0)\mid I(1)\}$$

这里 $I(0)$ 与 $I(1)$ 分别由 I_{k-1} 添加首位 0 与 1 复制生成。由于自然码具有平移对称性,因此称这种复制方式为**平移复制**。

这样,运用平移复制可将自然码的演化过程表述为图 22。

*							
0				1			
00		**0**1		**1**0		**1**1	
000	**0**01	**0**10	**0**11	**1**00	**1**01	**1**10	**1**11

图 22　自然码的平移复制过程

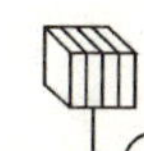

再看 Gray 码。据法则 3 知，由 I_{k-1} 生成 I_k 仍具有递推关系

$$I_k=\{I(0)\mid I(1)\}$$

这里 $I(0)$ 仍由 I_{k-1} 添加首位 0 复制生成，而 $I(1)$ 则是由 I_{k-1} 的反序列 $\hat{I}_{k-1}$ 添加首位 1 复制的结果。由于 $I(0)$ 与 $I(1)$ 具有镜像对称性，这种复制方式为**镜像复制**。

运用镜像复制技术，Gray 码的演化过程可表述为图 23。

<table>
<tr><td colspan="8">*</td></tr>
<tr><td colspan="4">0</td><td colspan="4">1</td></tr>
<tr><td colspan="2">00</td><td colspan="2">01</td><td colspan="2">11</td><td colspan="2">10</td></tr>
<tr><td>000</td><td>001</td><td>011</td><td>010</td><td>110</td><td>111</td><td>101</td><td>100</td></tr>
</table>

图 23 Gray **码的镜像复制过程**

不言而喻，如果将上述复制手续中的“首位”替换成“末位”，即可复制生成反自然码与反 Gray 码。

综上所述，自然码、反自然码、Gray 码与反 Gray 码的复制方式都具有鲜明的对称性。

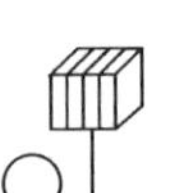

第4章 互连结构超立方

随着科学与工程计算的迅猛发展,人们对高性能计算的要求越来越高,多处理机系统的规模越来越大,各处理机之间的通信要求和难度也越来越突出,互连网络已成为并行处理系统的核心组成部分,它对整个计算机系统的性能价格比有着决定性的影响。

4.1 互连网络的设计

网络设计需要绘制网络设计图,以直观反映网络系统的拓扑结构。

在网络图中,结点代表处理机。**网络规模**是指互连网络中结点的个数。网络规模越大,互连网络的连接能力越强。本文将假定网络规模 $N=2^n$,n 为正整数。

介绍几个基本概念。

直接相连的结点称为**相邻结点。**相邻结点的连线称为**边。**

相连两结点的边数称为路径长度。相邻结点个数的最大值称为**网络的度。**

路径长度的最大值称为**网络直径。**

网络设计的基本要求包含两个方面:

(1) 网络的度与直径两者均尽可能地小;

(2) 网络的拓扑结构性能良好,即具有对称性、层次性和稳定性等。

所谓对称性,意指从任意结点来看网络的结构都是相同的。对称网络实现起来比较方便,编程也比较容易。

互连网络有多种类型。图24为**环结构**,其度数取最小值2,而直径取最大值 $N/2$。

图 25 为**全连结构**，直径取最小值 1，而度取最大值 $N-1$。

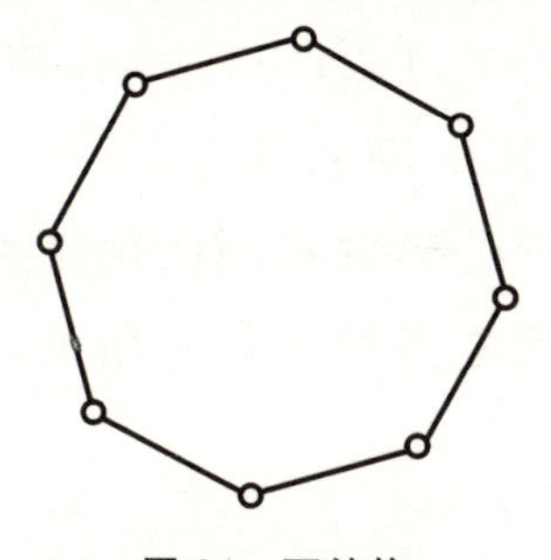

图 24 环结构

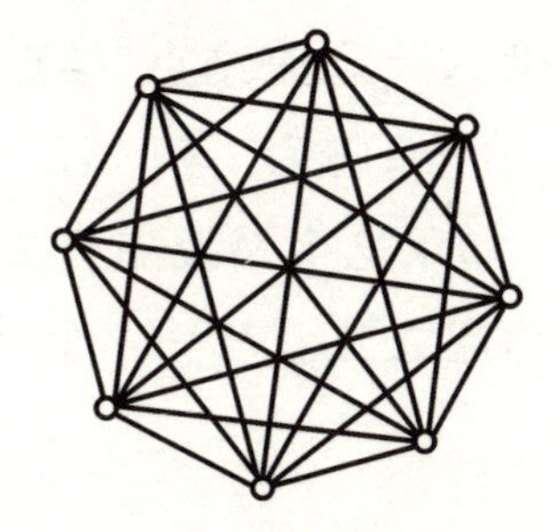

图 25 全连结构

图 26 为将要考察的**超立方**。

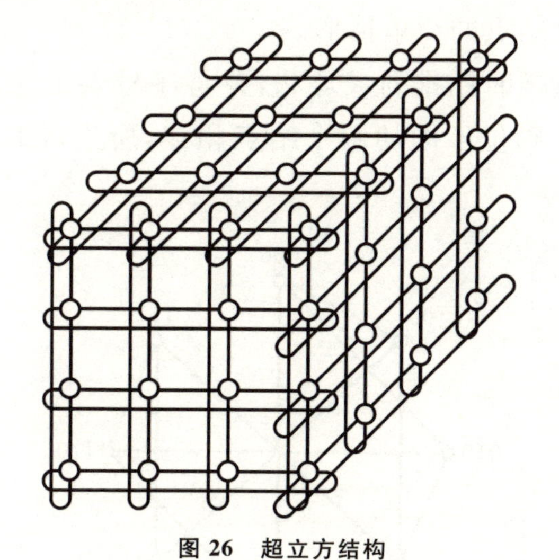

图 26 超立方结构

4.2 什么是超立方?

大型计算机通常是由一系列同类小型机组装连接生成的。每台小型机称作系统的一个结点。

对于大规模并行处理机系统，互连网络的结构设计起着重要的作用。互连网络的结构多种多样，其中以超立方结构最引人注目。这类结构形式优美，易于扩充，具有较高的性能价格比，被誉为“理想的”互连结构。

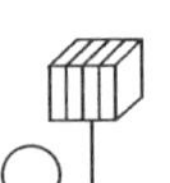

什么是超立方结构呢?

设提供 $N=2^n$ 个结点,结点编号 $i=0,1,2,\cdots,N-1$,将每个结点编号用二进制编码为 $i=i_{n-1}i_{n-2}\cdots i_0$,其中每个码位 $i_r(0\leqslant r\leqslant n-1)$ 非 0 即 1。**如果这个系统中有且仅有一个码位不同的两结点相连,称这一系统为超立方。$N=2^n$ 个结点的超立方称作是 n 阶的,简称 n 立方。**

4.2.1 超立方的序码选取

先考察 8 个结点的简单情形。

将所给结点逆时针排列成环状,并将序号表示为自然码,然后令其有且仅有一个码位不同的两个结点相连,所生成的 3 立方如图 27 所示。

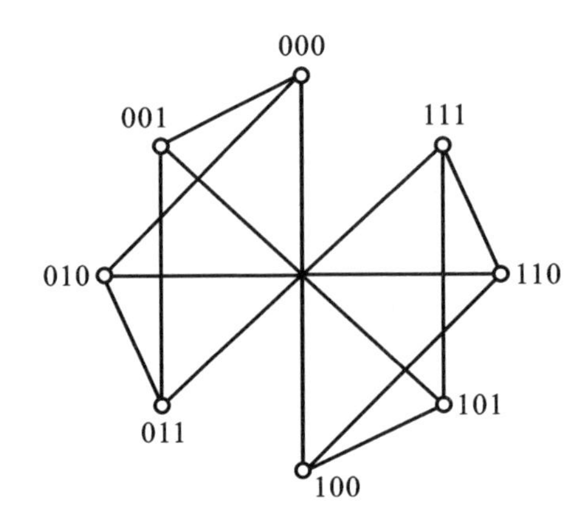

图 27 自然码的 3 立方

我们看到,这样形成的网络图,其连线纵横交错,结构形状复杂。

怎样简化网络图呢?

我们换一种做法。仍将所给结点逆时针排列成环状,但将序号表示为 Gray 码,仍令其有且仅有一个码位不同的两个结点相连,则所生成的 3 立方如图 28 所示。

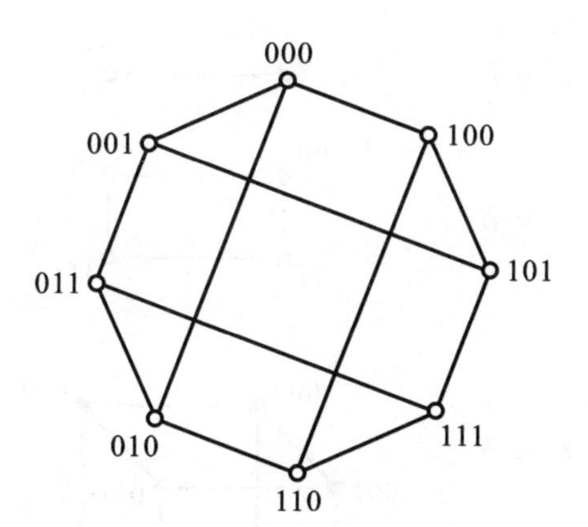

图 28 Gray 码的 3 立方

两者比较，差别明显，可见**超立方的设计应选用** Gray **码。**

4.2.2 超立方的递推生成

设计超立方时，人们会心有余悸：n 阶超立方拥有 $N=2^n$ 个结点，当 n 变大时，$N=2^n$ 会急剧增大，可能是个无法想象的“大数据”。

再者，如果令超立方的阶数逐步提高，即

$$1\to2\to3\to\cdots\to k\to\cdots$$

则超立方的结点数会逐步倍增，即

$$2\to4\to8\to\cdots\to2^k\to\cdots$$

在超立方递推设计的过程中，人们会听到“大爆炸”的轰鸣声吗？

设计超立方，难道是在人类思维的“盲区”内操作吗？

现在具体考察超立方的递推设计过程，请参看图 29。

1 立方为两个结点相连，它是平凡的。

设有**左右**并列的两个 1 立方，连接左右对应结点，即可生成长方形结构的 2 立方。

设有**上下**对峙的两个 2 立方，连接上下对应结点，即可生成立方

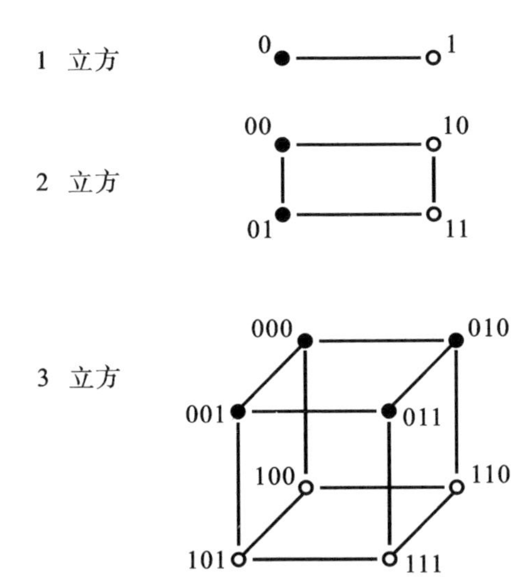

图 29 几个低阶超立方

体结构的 3 立方。

概括地说,超立方升阶的手续是:

步 1 提供甲乙两个阶数相同且已编好序码的超立方。

步 2 在甲乙两个超立方中,将结点的序码全部添加一个首码,譬如甲 0 乙 1。

步 3 连接两个超立方中首码互异但其余码位相同的结点,这样生成的网络结构便是高一阶的超立方。

依照这种办法,设提供有**内外**嵌套的两个 3 立方,连接对应结点即可生成 4 立方,如图 30 所示。

我们看到,超立方的递推设计,原理很简单,但网络图的形状越来越复杂。5 阶超立方的网络图已经无法绘制了。

可见,**高阶超立方网络图的绘制是个数学难题。易图的使用能破解这个难题吗?**

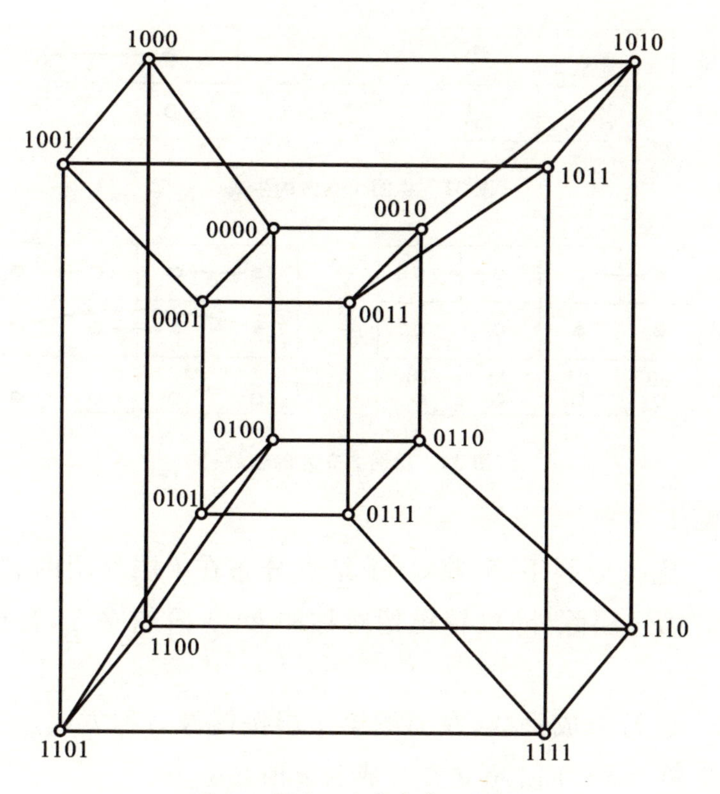

图 30　两个 3 立方合成 4 立方

4.3　超立方易图的递推设计

4.3.1　简单的超立方易图

先看 1 立方。将 1 阶易图的底层放置两个结点，易图的第 1 层赋予结点阴阳属性。然后在第 1 层连接两个结点，即生成 1 立方易图，如图 31 所示。

进一步设计 2 立方。先在 2 阶镜像易图的底层准备 4 个结点，并在第 2 层放置两个 1 立方。然后按镜像对称的方式连接第 1 层诸结点，即可生成 2 个立方图，如图 32 所示。

一般地说，从 $k-1$ 阶超立方提升到 k 阶超立方，易图设计很简

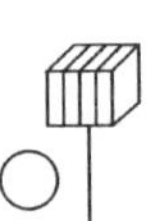

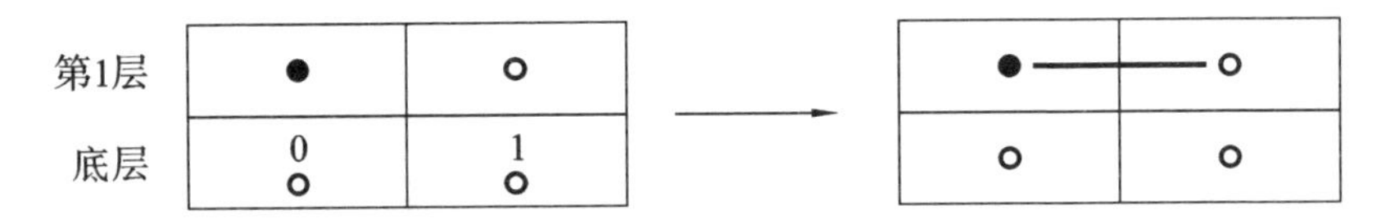

图 31　易图 1 立方的生成

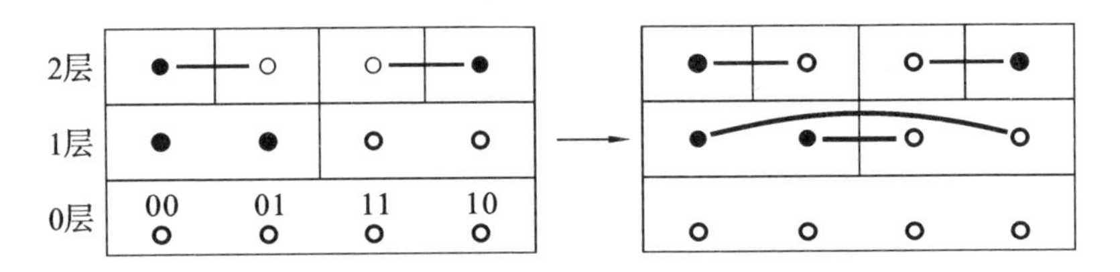

图 32　易图 2 立方的生成

便,共分两步:

步 1　施行分裂手续,将 2^k 个结点分布在 k 层易图的底层,并在易图顶部(第 1 层除外)设置镜像对称的 $k-1$ 阶超立方,合成 k 阶超立方。

步 2　施行合成手续,在易图第 1 层按镜像对称方式连接诸对应结点,即将两个 $k-1$ 阶超立方合成为 k 阶超立方。

4.3.2　超立方易图的可扩展性

为简单起见,将结点镜像对称的连接方式

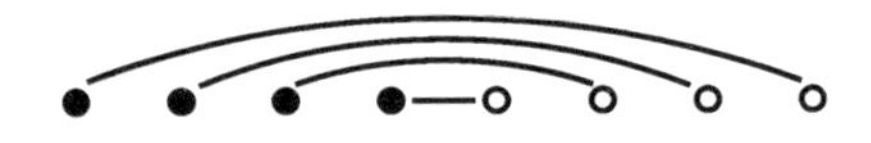

简化为

为了从 3 立方扩展到 4 立方(见图 33),需要先后施行以下两项手续:

(1) **分裂手续。**将两个 3 立方依镜像对称方式分布在 4 层易图的上面 3 层。

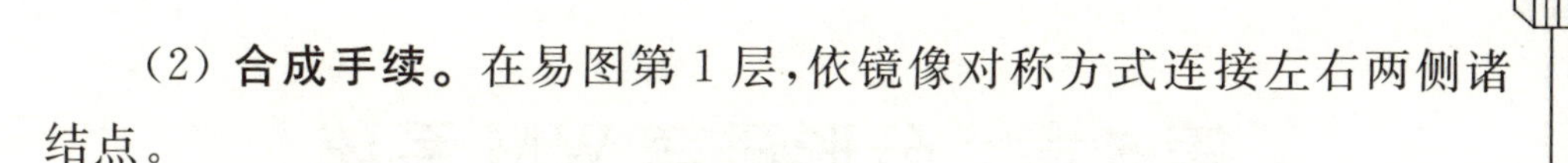

（2）**合成手续。**在易图第 1 层，依镜像对称方式连接左右两侧诸结点。

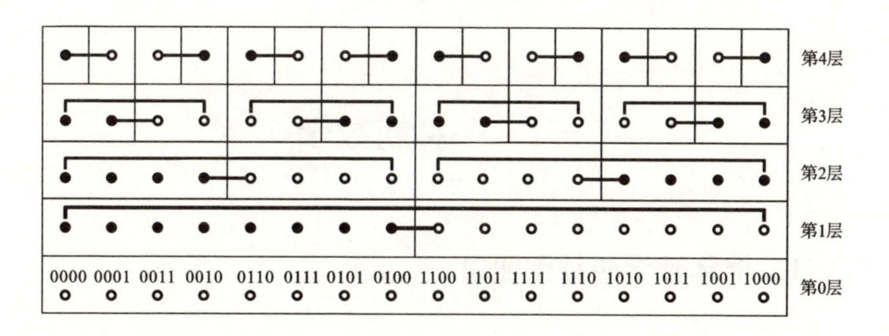

图 33　4 立方易图

显然，**上述扩展方法具有一般性。就这样，运用易图可以轻而易举地解决高阶超立方网络图绘制的难题。**

基于超立方易图，不但可以很直观地推断出这种网络的一些基本特性，而且还可以比较方便地设计出超立方网络上的并行算法，诸如传播算法、求和算法以及矩阵乘积算法等。

易学为网络设计开辟出了一条“独辟蹊径、出奇制胜”的康庄大道。

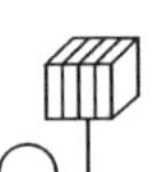

第5章　分形语言WM系统

5.1　一种新数学

5.1.1　演化数学的基本理念

数学的目的是追求简单性。演化数学方法的基本理念是"简单的演化生成复杂",或者说,将复杂(实在的而非虚构的复杂)化为简单的重复。重复是一种简单的加工手续。某些场合人们会惊异地发现,极端复杂就意味着极端简单。

正如前文所看到的,对0,1两个简单符号反复施行某种简单手续(编码法则)即可生成形形色色的序码系统,这里复杂(序码系统)与简单(编码法则)两者反差鲜明。

5.1.2　"从对称性出发"的研究方法

本章展现一种"从对称性出发"的研究方法:先基于某种对称性机制的演化法则生成某种数学对象,然后深入剖析它的各种特性及相互联系,最后归纳出数学对象的数学定义。这种做法有悖于传统数学的叙述方法。众所周知,传统数学总是先给出数学对象的定义,而进一步的论述——包括对称性,则是从数学定义出发推导演绎出来的。

5.1.3　演化数学的主要内容

一言以蔽之,所谓演化数学方法,就是基于二分演化法则演绎生成的学科体系。前文的序数编码为这种学科体系奠定了坚实的基础,在这个基础上，运用相关的二分演化法则，可以解决一大批经典的演绎数学方法难以处理的数学问题，特别是超级计算上的网络结构设计与高效算法设计。

我们发现，在超级计算中，运用二分技术可以设计出许许多多、形形色色的高效算法；我们深信，超级计算机上的高效算法大都从属于二分演化模式（参看本书第二卷《超算通行二分法》）。

多年来，我们运用二分演化模式考察了现代计算机科学中一系列热点问题，诸如：

- 快速算法设计
- 加速算法设计
- 并行算法设计
- 函数基底设计
- 网络结构设计

发现二分演化技术具有广泛的实用价值。本书将陆续展示这方面的研究成果。

下面基于分形几何的演化机理设计一种分形语言 WM 系统，并就“什么是分形”这个众所关注的问题提出了一种假说。

5.2 什么是分形[①]?

5.2.1 分形几何学

分形几何创造了许多美的景象，使人们获得美的享受，但人们同时自然会提出“什么是分形”的发问。早在 B. B. Mandelbrot 因分形几何学提出而受到广泛赞誉的 1986 年，美国物理学家 Leo P. Kadanoff（诺贝尔奖获得者）就指出，分形几何学的“更大进展有赖于建立一个

① 分形的有关知识请参看齐东旭教授的专著《分形及其计算机生成》(北京：科学出版社，1994).

更加牢固的理论基础”。Kadanoff 的言辞是尖锐而中肯的:“如果没有一个理论体系,这个领域(分形几何学)将会趋向衰败,变成动植物学中有趣的标本和表面的分类。”著名数学家 S. G. Krantz 也强烈地支持这种观点,他说:“对于‘分形’一词没有明确的定义,作为一个数学家,我觉得这不是一个好兆头。”他认为“分形理论还处在襁褓期”,讥讽说“皇帝还没有穿衣”。

其实,B. B. Mandelbrot 在提出“分形”的概念时,并不是不想下个定义,事实上,他曾经在这方面进行过认真的思索和反复的推敲。在他最初的论述中,将“分形”定义为其 Hausdoff 维数严格大于其拓扑维数的集合。这种说法很快暴露出漏洞:分形的一个重要“源头”——Peano 曲线的 Hausdoff 维数为 2,因而被这个定义排斥在外。

后来,Mandelbrot 修改了他的定义,强调分形是具有自相似性质的集合,“分形意味着自相似”。然而,“相似”的含义是既像又不像,是个含混不清的说法。而且,照这种理解,如何解释直线与圆周一类几何图形不是分形呢?

几经挫折,人们只好暂时绕开分形的严格定义,而着眼于刻画它们的某些“基本特征”,譬如“具有精细的结构,也就是说任意小尺度它总有复杂的细节”,等等,可是描述这些特征所使用的“精细”、“复杂”一类日常用语,是难以准确地注释的。很明显,在这些模糊术语的沙滩上,不可能创建起宏伟的“分形几何”大厦。

5.2.2 分形八卦图

究竟什么是分形?处于困惑中的当代科学家们需要有新的启示。分形几何的更大进展有赖于思维方式的突破,而为了实现这种突破,我们认为,应当从东方先哲的智慧中汲取营养。

在东方文化的沃土上,有一片片神秘哲学的原野。神秘的东西中最神秘的莫过于阴阳八卦。阐述阴阳八卦机理的《周易》被推崇为中华“六经之首，三玄之冠”。易学被认为博大精深，能“透视万物，揭示万理”，是“大道之源”。易学能用来开启分形几何这个迷宫吗？

特别值得指出的是，八卦图本身就是二分演化的产物。如果我们用圆圈表示太极，即演化的初态，并采用镜像对称的演化方式，则二分演化所生成的八卦图如图 34 所示。

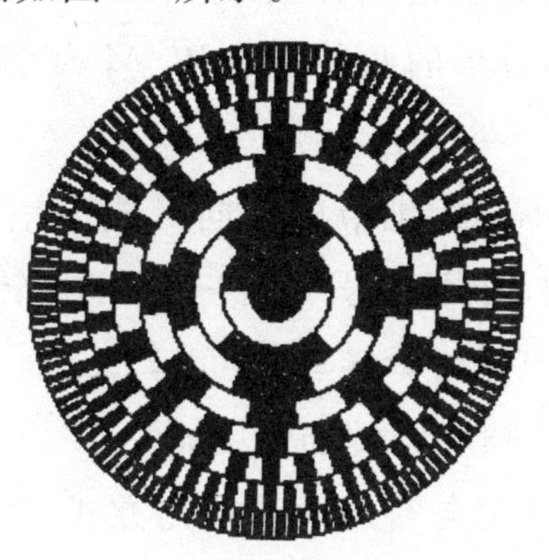

图 34 八卦图是一种分形

下文将运用二分模式描述分形的演化过程，试图揭示另一个同样惊人的事实：**所谓分形，其实只是某些简单的几何要素二分演化的结果。**

分形首先是一种几何语言。本章推荐所谓 WM 语言来揭示分形的本质。我们在计算机上已建立起一个 WM 语言的演示系统，这种语言的功效是奇妙的[①]。

5.3 演化语言

5.3.1 基本符号

本章侧重考察**线状分形**，这类分形的每一形态——所谓**分形曲**

① 本文撰写于 1996 年秋。针对这份文稿，何南忠博士、李青博士、郭卫斌博士以及陈宁涛博士等先后研制了 WM 系统的编译程序、演示程序以及语言文本等相关资料。（本书作者 2017 年 10 月注）

线,都是由等长线段构成的折线。我们将分形曲线从始点到终点赋予**走向**,并据此确定其每个子段的**指向**。这种有向线段称为**细节**。分形曲线是由一串细节首尾相连接成的。

简单的分形仅有一种细节,记之为 W,这种分形称之为**单体**的。较复杂的分形往往需要引进两种细节 W、M(参看下一节),这类分形称之为**双体**的。双体分形的两种细节 W、M 大小相等,而方向相反。

在分形曲线上,不同的细节的指向可能不相同。我们引进**转角** α 用于刻画细节的变向,并用符号"**+**"、"**-**"标记正转与反转:

+ ——正转,细节逆时针转动角度 α;

- ——反转,细节顺时针转动角度 α。

此外,为了描述分解与合成两种演化方式,我们引进操作符"〈"与"〉"。

上述基本符号,可运用 Backus 范式表述为

〈细节符〉::=W|M

〈方向符〉::=**+**|**-**

〈演化符〉::=〈|〉

在 Backus 记法中,符号"::="表示定义,可读成"是"或"定义为"。而符号"|"则表示或者,可读作"或"。

5.3.2 表达式

表达式是由细节符与方向符组成的符号串,它不能仅有方向符,但允许是空集。

〈表达式〉::=〈细节符〉|〈方向符〉〈细节符〉

|〈表达式〉〈细节符〉|〈空集〉

例 1 设转角 $\alpha = 60°$，则表达式 $W++W++W$ 表示图 35 中的三角形；而当 $\alpha = 90°$ 时，表达式 $W+W+W+W$ 则表示图 35 中的正方形。

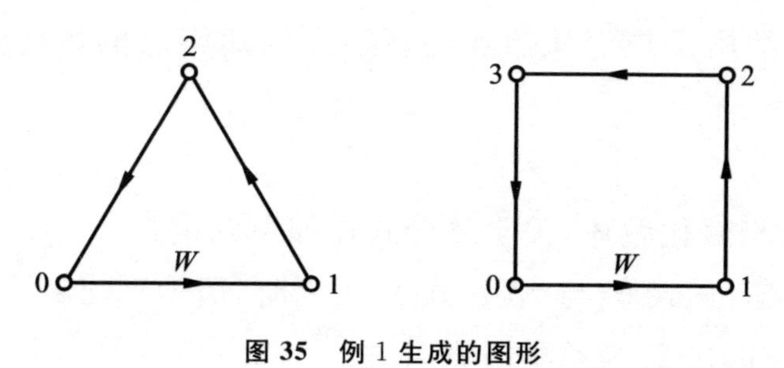

图 35 例 1 生成的图形

例 2 设转角 $\alpha = 90°$，则图 36 所示曲线的表达式为

$$W+W-W-W-W+W+W+W-W$$

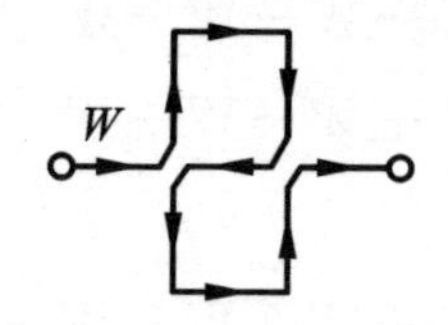

图 36 例 2 生成的图形

表达式中所含细节符的个数（不计方向符）称作该表达式的**长度**。

我们在分形语言中引进二分演化机制，而令演化含分裂（一分为二）与合成（合二为一）两个环节：

分裂（法则）——将原细节理解为指向相反的两个细节，分别从其始点与终点出发进行演化，并记录它们各自到达的新的终点；

合成（法则）——再从始点的新终点推进到终点的新始点，合成为新一级的分形曲线。

为了便于描述分形演化的二分手续，我们引进所谓的复合表达式，简称**复合式**：

$$\langle \text{复合式}\rangle ::= \left\langle \begin{matrix} \langle \text{表达式 } 0\rangle \\ \langle \text{表达式 } 1\rangle \end{matrix} \right\rangle \langle \text{表达式 } 2\rangle$$

其中〈表达式 0〉与〈表达式 1〉分别表征始点与终点的演化手续，而〈表达式 2〉则用于规定从始点的新终点到达终点的新终点的加工方式。

为进一步简化叙述，关于复合式作如下约定：

(1) 当〈表达式 0〉与〈表达式 1〉相同时，居中列出其一；

(2) 〈表达式 2〉为空集时则省去。

例 3 图 36 的曲线可按图 37 的方式生成，从而例 2 的表达式可用复合式表述为

$$\left\langle \begin{matrix} W + W - W - W \\ W + W - W - W \end{matrix} \right\rangle - W$$

或进一步简化为

$$\langle W + W - W - W\rangle - W$$

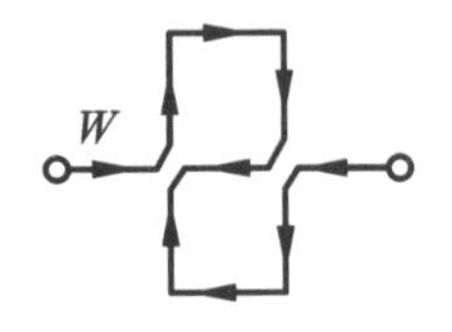

图 37 例 3 生成的图形

5.3.3 语句

分形初始形态用所谓初始语句来规定。这类语句的结构简单，它们的主体是一个表达式，我们用符号“●”作为标识符而定义**初态语句**为：

〈初态语句〉::=●〈表达式〉

前已指出，构成分形曲线的每个子段称为细节。细节经过演化生

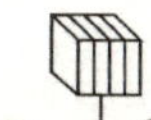

成的后继称为**生成元**，生成元刻画了分形的演化法则。**所谓分形演化就是反复用生成元取代分形曲线的每个细节。**

分形的生成元用所谓**生成语句**来定义。生成语句分串行语句与二分语句两种形式，它们的主体分别是表达式与复合式：

〈生成语句〉∷＝〈串行语句〉|〈二分语句〉

〈串行语句〉∷＝〈细节符〉＝〈表达式〉

〈二分语句〉∷＝〈细节符〉〈复合式〉

其含义是，将〈细节符〉所表达的原有细节压缩某个倍数 β 作为新的细节，代入后续的〈表达式〉或〈复合式〉加工出生成元。

例 4　当 $\alpha=60^\circ,\beta=3$ 时，生成语句

$$W=W+W--W+W$$

表示图 38 的生成元，图中 W 表示新的细节。该生成元亦可用二分语句表述为更对称的形式：

$$W\left\langle\begin{matrix}W+W\\W-W\end{matrix}\right\rangle$$

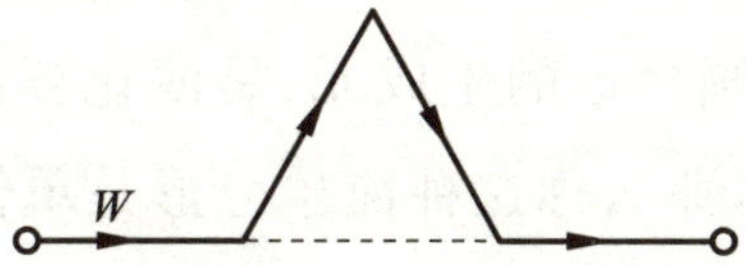

图 38　例 4 生成的图形

5.3.4　参数

如上所述，分形演化时需要设置两个参数：转角 α 与压缩比 β。

5.4　演化算法

下面举例说明 WM 语言的应用。考察几个著名的分形，给出它们的解题算法。

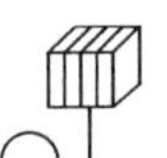

演化算法由参数表、初态语句与生成语句三部分组成,我们用符号 **begin** 与 **end** 将语句括在一起,其结构如下:

```
参数表
begin
    初态语句;
    生成语句
end
```

需要强调指出的是,程序的实现要特别注意方向问题。在分形演化过程中,分形曲线的走向(从始点到终点)总与初态曲线保持一致,而其中每个细节的指向则根据分形曲线的走向来规定。

我们将用图形显示解题程序的内涵与执行结果,即给出初态与生成元,然后列出演化生成的分形曲线。

5.4.1 单体演化

生成语句用以刻画分形的生成元,是演化算法的核心。如果生成语句中仅含一种细节,那么称这种简单分形是**单体**的。

算法 1 (Von Koch 雪花)

$\alpha=60°, \beta=3$

begin

●$W++W++W$;

$$W\left\langle \begin{matrix} W-W \\ W+W \end{matrix} \right\rangle$$

end

算法 1 演化生成所谓 **Von Koch 雪花**,如图 39 所示。

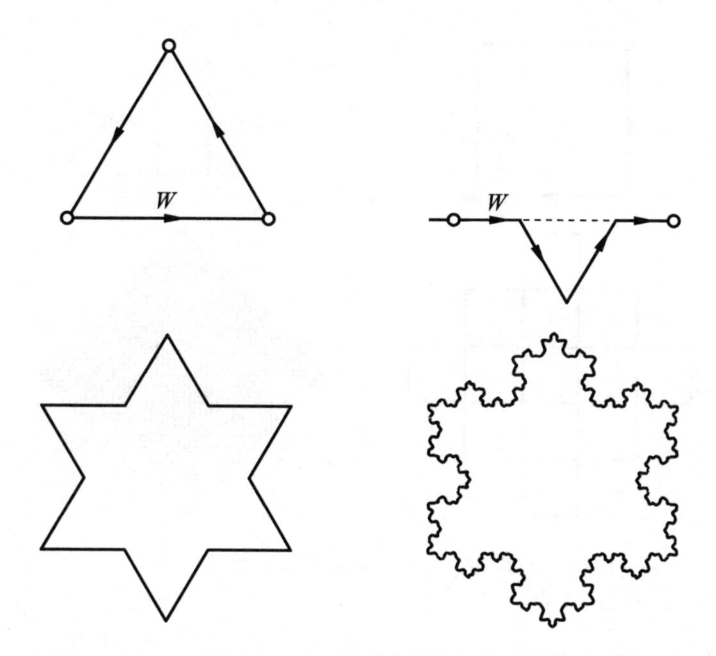

图 39 算法 1 生成 Von Koch 雪花

算法 2 （Peano 曲线）

$\alpha=90°, \beta=3$

begin

●$W+W+W+W$；

$W\langle W+W-W-W\rangle-W$

end

算法 2 生成所谓 **Peano 曲线**，如图 40 所示。

5.4.2 双体演化

如果演化过程含有两种细节 W 与 M，则相应的算法含有一对生成语句，那么称这类分形是**双体**的。

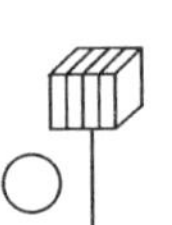

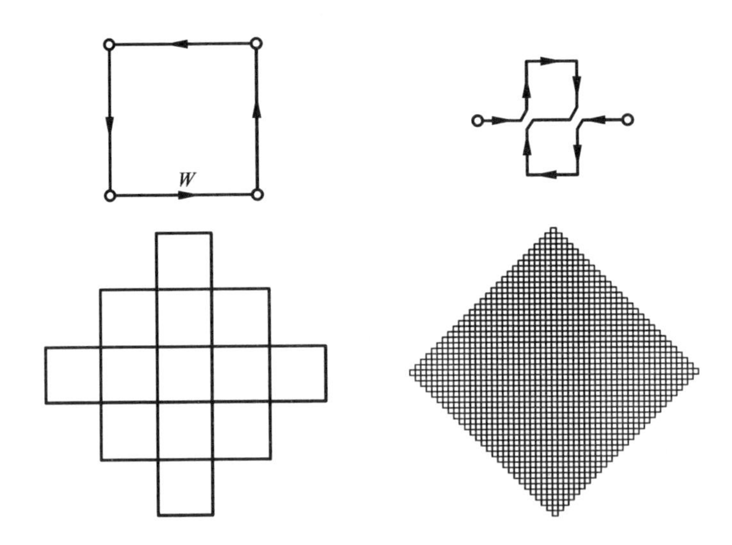

图 40　算法 2 生成 Peano 曲线

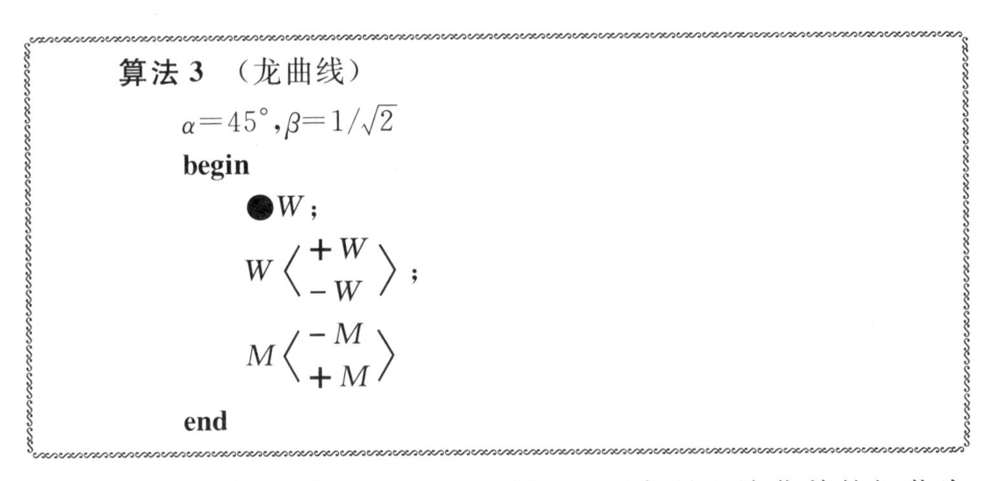

算法 3　(龙曲线)

$\alpha=45^\circ, \beta=1/\sqrt{2}$

begin

●W;

$W\left\langle \begin{matrix} +W \\ -W \end{matrix} \right\rangle$;

$M\left\langle \begin{matrix} -M \\ +M \end{matrix} \right\rangle$

end

这里引进两种细节 W 与 M,它们的后继都是以演化前的细节为弦的等腰三角形,两种后继不同之处在于,它们分别位于前进方向的左右两侧。这一算法演化生成所谓**龙曲线**,如图 41 所示(参数 n 为演化步数)。

如果将上述算法的生成语句稍作改变,譬如对符号 W 与 M,改成

$$W\left\langle \begin{matrix} +W \\ -M \end{matrix} \right\rangle; \quad M\left\langle \begin{matrix} -M \\ +W \end{matrix} \right\rangle$$

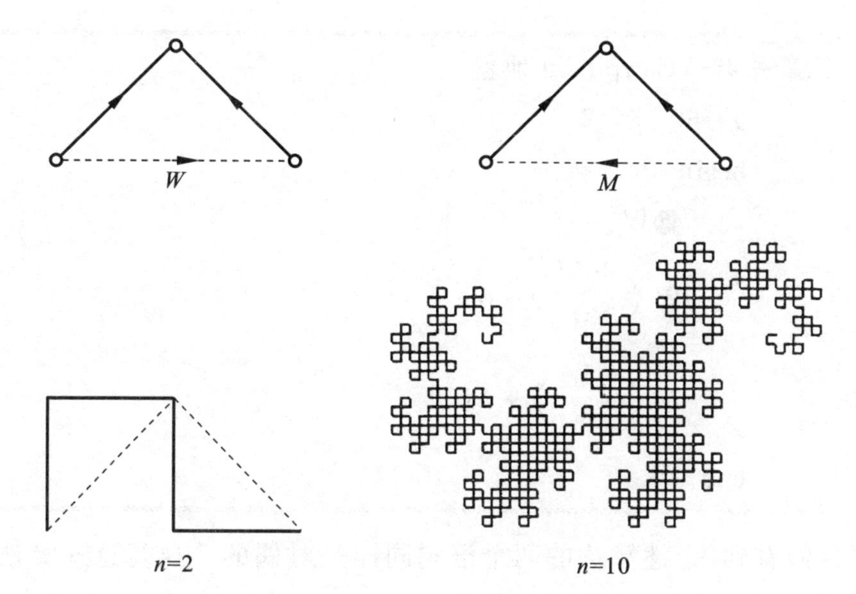

图 41 算法 3 生成龙曲线

或改成

$$W\left\langle\begin{matrix}+M\\-M\end{matrix}\right\rangle;\quad M\left\langle\begin{matrix}-W\\+W\end{matrix}\right\rangle$$

则龙曲线变得面目全非，分别如图 42 左右两图所示。

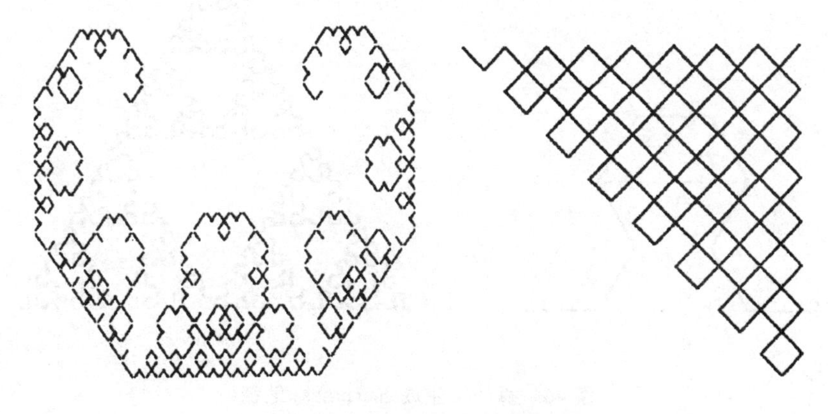

图 42 龙曲线的两种变异图形

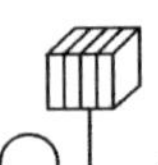

算法 4 （Sierpinski 地毯）

$\alpha=60^\circ, \beta=2$

begin

●W；

$$W\left\langle\begin{matrix}+M\\-W\end{matrix}\right\rangle-W;$$

$$M\left\langle\begin{matrix}-W\\+M\end{matrix}\right\rangle+M$$

end

我们看到，上述算法的两个语句同样是对偶的。执行这一算法生成如图 43 所示的 Sierpinski **地毯**。

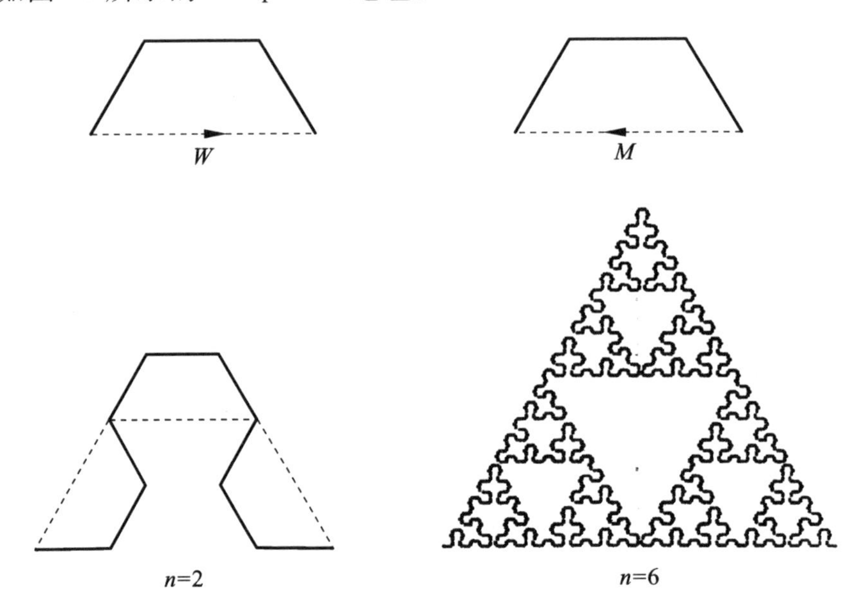

图 43　算法 4 **生成** Sierpinski **地毯**

运用双体算法的设计技术，同样可以很方便地设计诸如 Hilbert 曲线、E-曲线之类复杂的 FASS 曲线。囿于篇幅，这里从略。

综上所述，我们看到，在分形曲线的演化过程中，如果分别从始点与终点出发，则它们的演化规则是互为对偶的，因而可表示为二分语句的形式。不仅如此，如果分形演化含有两种细节，则这两种细节的演化规则也是对偶的，即相应的两个二分语句也可以视为一对阴阳。

由此可见，阴阳对偶是分形演化的基本特征，即是说，分形演化从属于前述二分模式。基于这一认识，不仅可以深化对分形的理解，而且可以使分形描述大为简化。

被爱因斯坦誉为“敏锐而深刻的思想家”的法国大数学家庞加莱(H. Poincaré)，在科学方法论方面有不少精辟论述和独到的见解，他有句名言：“科学走向统一和简单的道路。”

“万物一体，万有相通。”基于阴阳观的“二分演化模式”，以其简单而精练的形式，概括和统一了众多的现代数学方法。

本章陈述了这种演化机理在分形规则设计中的应用。什么叫“分形”？本章的回答是：“分形”是二分法则演化生成的几何图形。

二分模式的普适性，以及二分技术在“高性能计算”中所显示出的有效性，启示我们概括出**演化数学**的观点，运用二分演化技术于几何图形的设计。这门学科可称之为“演化几何”。

正如本章所揭示的，“演化几何”这门学科简单、统一、对称而奇异，具有极度的数学美。而用本义是“破碎、不规则”的分形(fractal)一词来命名这门学科，似乎有点丑化和歪曲。

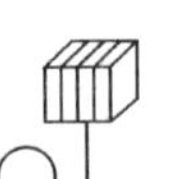

结语　爱因斯坦的迷茫

在狭义相对论和广义相对论相继创立以后，爱因斯坦(图 44)又试图建立一个既包括引力场又包括电磁场的统一场论。从 1923 年开始的这项探索几乎耗尽了他后半生的全部精力，却始终没有获得具有物理意义的成功。

科学的大统一究竟是怎样一幅图景呢？

图 44　爱因斯坦像

在孤独与苦闷之中，爱因斯坦把期待的目光转向了东方。逝世前两年的 1953 年，爱因斯坦在给友人的一封信中表达了自己对东方古老文化的神往，他说：

“西方科学的发展是以两个伟大成就为基础，那就是希腊哲学家发明形式逻辑体系(在欧几里得几何中)，以及(在文艺复兴时期)发现通过系统的实验可能找出因果关系。在我看来，**中国的贤哲没有走上这两步，那是用不着惊奇的。要是这些发现果然都做出了，那倒是令人惊奇的事。”**(摘自《爱因斯坦文集(第一卷)》)

附 录

关于只用 0 和 1 两个记号的二进制算术的阐述,和对它的用途以及它所给出的中国古代伏羲图的意义的评注

[德]莱布尼茨

通常的算术演算按照十进位序列进行。我们使用十个记号,即 0、1、2、3、4、5、6、7、8、9,它们代表零、一及其随后的数,一直到九并包括九;然后到了十,我们又重新开始,而且我们把十记作 10;把十个十,即百,记作 100;十个百,即千,记作 1000;十个千记作 10000;如此等等。

但是,多年以来,我一直使用一种不是以十进位为序列,而是用所有序列中最简单的序列,即以二为进位,并发现它有助于数的科学的完善。于是,我除了用 0 和 1 外便无需使用任何其他数字,然后到 2,我又重新开始。这就是为什么在此 2 要记作 10;而两个 2,即 4,记作 100;两个 4,即 8,记作 1000;而两个 8,即 16,记作 10000;如此等等。以这种方式,只要我们愿意,我们可以一直这样继续这个数表(见附图 1)。

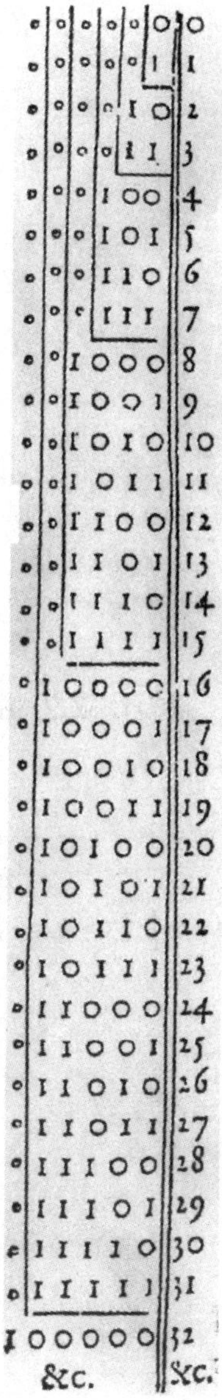

二进制	十进制
000000	0
000001	1
000010	2
000011	3
000100	4
000101	5
000110	6
000111	7
001000	8
001001	9
001010	10
001011	11
001100	12
001101	13
001110	14
001111	15
010000	16
010001	17
010010	18
010011	19
010100	20
010101	21
010110	22
010111	23
011000	24
011001	25
011010	26
011011	27
011100	28
011101	29
011110	30
011111	31
100000	32
&c.	&c.

附图 1

在此,人们一眼就可以看出为什么整数二进几何序列会具有一个著名的性质,这个性质意味着,只要我们在每级数中都有一个数,那么我们就可以组

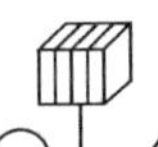

合出所有的小于其中最高级的那个数的倍数的其他数。因为这里，比如说，111 或 7 是 4、2 与 1 的和(见附图 2)，而 1101 或 13 是 8、4 与 1 的和(见附图 3)。这个性质有助于试金官用最少(种类)的砝码去称量所有大小金子的质量，并且用于钱币时能够用最少(种类)的币种给出不同大小的值。

100	4
10	2
1	1
111	7

附图 2

1000	8
100	4
1	1
1101	13

附图 3

数的这种表达方式一旦建立，就可以很容易地做所有种类的运算。

对于加法，比如：

☽

110	6	101	5	1110	14
111	7	1011	11	10001	17
1101	13	10000	16	11111	31

对于减法，比如：

1101	13	10000	16	11111	31
111	7	1011	11	10001	17
110	6	101	5	1110	14

对于乘法，比如：

⊙

11	3	101	5	101	5
11	3	11	3	101	5
11		101		101	
11		101		1010	
1001	9	1111	15	11001	25

对于除法，比如：

15	1111	101	5
3	1111		
	11		

而且，所有这些运算都如此容易，我们完全不需要尝试或猜测，像在普通的加减乘除法中的那样；我们也全然不需要死记硬背什么东

西,像是在普通的运算中那样,我们必须要知道,比如,6 和 7 加在一起是 13,而 5 乘以 3,依据人们称为毕达哥拉斯表的九九表,是 15。而这里,所有这一切都可以从最根本的东西中得到和证明,正如我们在上述标有 ☽ 和 ⊙ 的例子所看到的那样。

然而,我并不建议以这种计算方式来取代以十为进位的通常做法。除了因为我们已经习惯了后者外,我们对于已经熟记的东西也不再需要摸索了,而且以十为进位的做法更简练,数字也更短。如果我们习惯于用十或十六为进位的话,好处还可以更大。但是,用以二为进位的演算,也就是说,用 0 和 1 的演算,不仅可以弥补它的冗长,并且有新发现,而这些新发现甚至最终对于数的演算也是有用的,尤其是对于几何学。理由是因为数已经被归结为它的最简单的原则,如同 0 和 1,那么,最佳的秩序就能从中出现。比如,在数的列表中,我们也能看到每列都有重复出现的周期。在第一列中是 01,在第二列中是 0011,第三列中是 00001111,第四列中是 0000000011111111,如此等等。

为了填充表中每一栏开始时(上方)出现的空位,以及为了较好地显示其周期,我们使用小小的零,另外还引入了竖线,这些线的意思是:包括在线中的排列周期重复(譬如从右向左两条竖线的一行总是 01010101……)。还发现平方数、立方数和其他幂次的数中,以及三角数、锥体数和其他图形数中,也有类似的周期,以至于我们可以不用计算,就可以写出这些数表。开始时的一点麻烦,随后却能提供节省计算的手段,并使计算按一定规则无穷地进行下去,那么这点麻烦带来的好处却是无穷的。

这种演算的令人惊奇之处,是这种用 0 和 1 进行的算术竟然包含着一个叫做伏羲的古时的国王和哲人所作的线段的奥秘。据说伏羲活在四千多年前,而且中国人把他看作是他们的“科学鼻祖”,但在此只需提出所谓的被认为是基本的八卦,并附以解释就够了。一旦我们

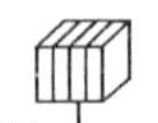

注意到,首先,一条整线段“—”指单位或 1;其次,一条断裂的线段“--”指零或 0,那么这个解释就明显了(见附图 4)。

000	001	010	011	100	101	110	111
0	1	10	11	100	101	110	111
0	1	2	3	4	5	6	7

附图 4

中国人丢失了卦或伏羲的线形的意义或许已经有一千多年了;他们对卦作了诸多评注,却找到了我所不知道离得多远的意义。最后它的真正解释竟然是从欧洲人那里得来的。事情是这样的:大约两年前,我写信告诉了当时住在北京的著名法国耶稣会士、尊敬的白晋神父,我的用 0 和 1 的计算方法,他立即就看出这便是解开伏羲图的钥匙。于是,他于 1701 年 11 月 14 日写信给我,并给我寄来了这位哲学君主的伟大的图形,一直到 64;这使人对我们的解释的真理性毫无怀疑余地,以至于可以说,这位神父借助于我所告诉他的解开了伏羲之谜。因为这些图形或许是世界上最古老的科学丰碑,经过这么长时间后,又重新找回它们的意义,确实显得稀奇无比。

伏羲图和我的数表间的一致可以看得更清楚,如果我们在表的开始处添加一些零;这些看起来是多余的,但却能更好地显示列中的周期,正如我用小零所添加的那样,用小零以使之区别于“必需”的零,并且这也使我对伏羲的思考之深刻有很高的评价。因为在我们现在看起来是明显的事,在那么遥远的时代可不是那样的。二进制或二元算术在今天,只要人们稍加思考,便觉得很容易,这是由于我们的计算方式对此帮助很大,看来我们从中得到的好处似乎是太多了点。但是,这种以十为进位的算术并不是很古老的,至少古希腊和古罗马人就不知道,从而也就被剥夺了可以从中得到的好处。看来欧洲把它的引进归功于盖尔伯特——后来的教皇塞尔维斯特二世,而他是从西班牙的摩尔人那儿得来的。

因为在中国,人们相信伏羲还是日常的中国文字的作者,尽管这种文字经过世代变迁已面目全非，但他对算术的尝试使我们断定，如果我们对中国的文字寻根溯源，或许还可以发现与数的观念有关的重大东西，就如中国人相信的那样，他在创立文字时是参照了数的。白晋神父有意于此项研究，也很有能力取得成功。但我不知道在中国文字中是否有接近于我所设想的一种符号所具有的长处。这就是，所有我们能从观念中得出的推理，都能够从文字中以演算的方式得到，而这将是协助人类精神的最重要的手段之一。

（孙永平　译）

第二卷
超算通行二分法

（本插图是用分形语言绘制的伏羲八卦图）

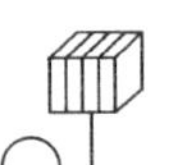

“神威”赞

人类的科学计算已迈入超级计算(简称超算)的新时代。当今超级计算机的峰速已高达100亿亿次/秒。

尤其令国人振奋的是,2017年国产超级计算机天河机、神威机位居世界超级计算机500强的前两名。

超级计算机是“国之重器”。高性能算法的设计与超级计算机的研制是超算的两翼,两者同等重要。

高性能算法分加速算法、快速算法与并行算法三大块。数学史表明,加速算法设计技术千百年来由中国人一手包办,这是中华数学中的一块瑰宝,留待本书第3卷介绍。

本卷仅介绍快速算法与并行算法。

我们多年探究超算的思维方式与理论基础,获得的结论是不可思议的:

高性能算法的设计,包括大规模互连网络的设计,其思维方式竟然渊源于中华文明的“伏羲宝钥”,即二分演化模式。

前　言

第一卷《正本清源二进制》指出科学史上发生的一桩重大事件：Leibniz 在发明二进制过程中看到了伏羲易图。这一事件导致了东西方两大文明的一次大碰撞、大融合。Leibniz 无比激动地说：

“我居然发现了从未使用过的计算方法。这新方法对一切发人深省的数学都放射着异常的光彩，并且借此方法的帮助，对人类所难理解的学问也极有贡献。我们试从各种材料加以考察。我们知道古代的伏羲把握着此方法的宝钥。”

人们特别钟情于那些“发人深省的数学”，那些充斥矛盾冲突犹如正待喷发的一座座火山般的数学，那些蕴含巨大潜能犹如从高山之巅奔泻而下的一股股洪流般的数学，那些生机勃勃犹如一株株茁壮成长的参天大树般的数学……

我们将运用“伏羲宝钥”处理一些“发人深省的数学”，希望欣赏它们所发出的奇光异彩。

所谓“超级计算”正是这种发人深省的数学。超算确实是奇妙的：有些被大数学家视之为“怪物”的极端复杂的数学对象，如果换一种思维方式，用太极思维去处理，其演化机理甚至连中学生们都能理解，尤其是，在超级计算机上只要执行几个简单的语句，就能轻而易举地实现高性能算法的计算流程。

唐代大诗人刘禹锡有诗云“旧时王谢堂前燕，飞入寻常百姓家”，感叹沧海桑田的时代变迁。时代变了，旧时的“阳春白雪”有可能在社会上广泛流行，美妙的数学精品为什么不能供中学生们欣赏呢？

华罗庚先生曾教导后辈:“**居高才能临下,深入才能浅出。**”请想一想,现在的中学生,十余年后踏进社会将面对怎样的科技形势?未来的科技精英应当具备怎样的素质?今天,我们应当为孩子准备最好的精神食粮,应当经常带领孩子们到野外登高望远,欣赏现代科技的大好风光。

引论 Walsh 分析的研究会导致一场革命吗?

快速算法设计是实现高效信号处理的关键技术之一。

回顾信息科学的发展进程,19 世纪初提出的 Fourier 分析,其理论早已成熟,但在信号处理中却迟迟得不到充分应用。究其原因,离散 Fourier 变换 DFT 虽然计算模型相当简单(它仅仅是一组数据的线性变换),但实际问题的规模(离散点总数)往往很大,所要提供的计算量难以承受。直到 20 世纪 60 年代提出 DFT 的快速算法 FFT,才使 DFT 的计算成为可能,从而使信号处理方法由系统模拟转变为数字处理。快速算法 FFT 的提出实现了信号处理的一次革命性的飞跃。

近代,随着大规模集成电路技术的广泛应用,信号普遍采取数字脉冲波形的形式。Fourier 分析的三角函数系(所谓简谐波)不便于描述这类信号。人们考虑选用阶跃函数的基函数。Walsh 函数系就是阶跃函数类中一个完备的正交函数系。

Walsh 函数是美国数学家 J. L. Walsh 于 1923 年提出的。它的出现对现代科学技术尤其是电子工程技术有着深刻的影响,其应用涉及信号处理与图像处理的众多领域。早在 Walsh 函数提出后不久,著名应用数学家H. F. Harmuth就惊人地预言:**Walsh 分析的研究将导致一场革命,就像十七、十八世纪的微积分那样。**

0.1 Walsh 函数极度的数学美

在数学史上 Walsh 函数的命运屡经颠踬。J. L. Walsh 是美国科学院院士,曾担任美国数学学会主席。这位大数学家竟然不欣赏自己的这一创造,他生前对这项研究成果始终态度冷淡。

原因很清楚。数学家总是追求简朴。Walsh 函数尽管取值简单，仅取±1 两个值，但它们在这两个值之间频繁地跃变，似乎比三角函数要复杂得多。Walsh 函数的数学表达式是一系列符号函数的乘积，传统的数学处理方法（如微积分）难以奏效，甚至依据数学表达式很难作出它们的图形，而且 Walsh 函数系有多种排序方式。Walsh 函数的复杂形式使人们对它望而却步。在人们的心目中，Walsh 函数虽有实用价值，但它们是一类怪异函数。

"真"必然"美"。有着重大实用价值的 Walsh 函数为什么不美呢？

人们对 Walsh 函数有太多的误解。

本卷上篇第 1 章指出，表面上看起来极其复杂的 Walsh 函数，竟然是由一个简单得不能再简单的方波演化生成的。从方波 $R(x)=1$ 出发，经过伸缩平移的二分手续即可加工出 Walsh 函数系。这是个完备的正交数系，它可以用来逼近一般的复杂函数 $f(x)$，即有

$$R(x)=1 \xrightarrow[\text{二分手续}]{\text{伸缩}+\text{平移}} \text{Walsh 函数系} \xrightarrow{\text{叠加}} \text{复杂函数 } f(x)$$

这是一个惊人的事实，**任何复杂函数 $f(x)$ 都是简单的方波 $R(x)$ 二分演化的结果。**

Walsh 分析具有极度的**简朴美**。

再考察生成方式。Walsh 函数是逐族演化生成的。第 k 族 Walsh 函数 W_k 表现为一个 2^k 阶方阵，称之为 Walsh **方阵。Walsh 方阵可用复制技术演化生成。**所谓复制，俗称克隆(clone)，是一类最简单、最基本的演化技术。

关于 Walsh 函数系的排序方式，人们普遍认为有三种，即所谓 Walsh 序、Paley 序与 Hadamard 序。其实，从演化法则与复制技术的对偶性可以明显看出，Walsh 函数系还存在第四种排序方式（限于篇幅，本书从略）。

Walsh 函数的复制过程具有鲜明的**对称美。**

所谓对称性，其本质是互反性。中篇第 2 章剖析了快速 Walsh 变

换 FWT 的设计机理，其结论是奇妙的：**FWT 的设计过程本质上是 Walsh 函数演化过程的反过程。**本书提供了多种具体的 FWT 算法，并给出了算法的流程图。这些图形各式各样，五花八门，但它们特征分明，秩序井然。

Walsh 分析的一个突出特点是有序性。Walsh 函数的演化机制可以用它的序码来刻画。作为铺垫，本书第一卷阐述了序数编码方法。各种编码方案的和谐、协调与统一，决定了 Walsh 函数具有深刻的**和谐美**。

简单、对称、和谐，Walsh **函数是数学美的一个典范。**

从 Walsh 分析的研究中我们领悟到，复杂与简单其实是事物相互对立而又彼此依存的两重属性。Walsh 函数的数学表达式是复杂的，但用演化法则来描述，则其生成机制显得很简单。基于演化法则的对称性，Walsh 函数表现为多种排序方式，不同排序方式的 Walsh 变换又拥有形形色色的快速算法。各种算法的罗列比较，构成一幅多彩的画卷，会使人感到扑朔迷离，难辨雌雄。其实只要抓住一种基本算法，然后“反其道而行之”，即可一生二，二生四……派生出其他种种算法，从而使快速变换的算法体系呈现出“最大可能的简单性”(爱因斯坦)。这表明，科学探索实际上是循着“复杂—简单—再复杂—再简单”的途径向前推进。这是个螺旋式上升的过程。

0.2　Walsh 分析展现一种新的思维方式

人类社会正进入知识经济的新时代。科学技术的创新，归根结底是思维方式的更新。

谈到 20 世纪的科技进步，特别是现代物理学的杰出成就，人们无不赞颂爱因斯坦的丰功伟绩。然而爱因斯坦——这位 20 世纪的科学泰斗，在谈及自己的成就和才能时，只是平淡地说：**“我只不过是叫人们换一种思维方式而已。”**

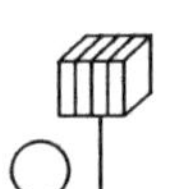

Walsh 函数究竟美不美，不同思维方式的人们给出了截然不同的判断。

为了撩开 Walsh 函数神秘的面纱，揭示其内在的数学美，为使 Walsh 分析的研究导致"一场革命"，必须着眼于思维方式的创新与突破。

在创建 Walsh 分析的理论体系时，本书的立足点是直觉思维。传统的数学研究方法是从数学定义出发展开演绎论证，而本书通篇采取**从对称性出发的研究方法。**单纯从数学定义看 Walsh 函数，它们形式复杂，令人难以把握。然而，我们看到，立足于对称性的演化法则，构建 Walsh 分析的理论体系，设计 Walsh 变换的快速算法，都只是"一蹴而就"的事。运用 Walsh 函数的演化法则只要做一次次"俯冲"就能捕获本书罗列的众多命题。在这里，数学上的演绎证明有时是多余的。

在构建新的学科体系的过程中，本书处处都渗透了对立统一的辩证思维。表面上看，Walsh 函数的形态是复杂的，但这只是一种表象。其实 Walsh 函数系可表达为元素±1 的 $N=2^n$ 阶方阵 $\boldsymbol{W}_N$，其中 $\boldsymbol{W}_1=[1]$表示平凡的方波，而 $\boldsymbol{W}_2=\begin{bmatrix}1 & 1\\1 & -1\end{bmatrix}$则刻画了方波 $R(x)$与 Haar 波 $H(x)$的对峙，其简单性一目了然。Walsh 函数的演化分析表明，循着 $\boldsymbol{W}_1\Rightarrow\boldsymbol{W}_2$ 再前跨一步定出 $\boldsymbol{W}_4$，那么，生成一切 $\boldsymbol{W}_N$ 都只是简单的重复。这一事实印证了老子的名言：**"道生一，一生二，二生三，三生万物。"**

Walsh 函数的演化分析同中华传统文化相互辉映。将会看到，Walsh 函数的序率特性可以用易图来表征，Walsh 方阵的演化方式可以用易理来阐述，在某种意义上，Walsh 分析的演化机制是太极思维的数学描述。

0.3 Walsh 分析是数学革命的先导

正因为 Walsh 函数具有极度的数学美，正由于 Walsh 分析展现

了一种新的思维方式,因而在 Walsh 分析的基础上可以衍生出许多重要的学科分支。

快速 Walsh 变换是快速变换的一个重要的组成部分。我们深信,运用所谓变异技术,基于 Walsh 变换可以派生出其他种种快速变换,诸如 Haar 变换、斜变换、Hartley 变换乃至余弦变换和 Fourier 变换,从而实现快速变换方法的大统一。

我们认为,尽管 Walsh 函数有着广泛的应用前景,然而更为重要的是,它展现了一种新的数学思维方法——我们称之为**演化数学方法**。

宇宙是演化的,生物是演化的。时至今日,辩证法关于发展变化的观点,即事物从低级到高级不断演化的观点,已经被科学界认为是无需论证的常识了。

Walsh 函数的演化分析用数学语言表述了这种"常识"。

Walsh 函数的出现无疑是新的数学革命即将爆发的先兆。还是 H. F. Harmuth 有远见:Walsh **分析的研究将导致一场革命,就像十七、十八世纪的微积分那样。**

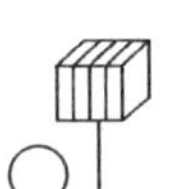

上篇　Walsh 演化分析

第1章　Walsh 函数的演化生成

正确地评价一种数学方法,诚然,实际应用是重要的。实践是检验真理的一项重要标准。

然而,数学家更崇尚数学的"美"。"美"是"真"的反光,数学家在从事数学研究时往往先审视数学的"美"。

1.1　美的 Walsh 函数

简朴是数学美的一个重要标记。数学的目的就是追求简单性。微积分的逼近法是数学美的光辉典范。

1.1.1　微积分的逼近法

经典数学的基础是微积分。从微积分的观点看,在一切函数中,以多项式最为简单。能否用简单的多项式来逼近一般函数呢?众所周知的 Taylor 分析(1715 年)肯定了这一事实:

$$f(x) \approx \sum_{k=0}^{\infty} \frac{f^{(k)}(x_0)}{k!}(x-x_0)^k$$

它表明,一般的光滑函数 $f(x)$ 可用多项式来近似地刻画。Taylor 分析是 18 世纪初一项重大的数学成就。

然而,Taylor 分析存在着严重的缺陷:它的条件很苛刻,要求 $f(x)$ 足够光滑并提供出它的各阶导数值 $f^{(k)}(x_0)$。此外,Taylor 分析的整体逼近效果差,它仅能保证在展开点 x_0 的某个邻域内有效。

时移物换。百年之后的 19 世纪初,Fourier 指出,"任何函数,无

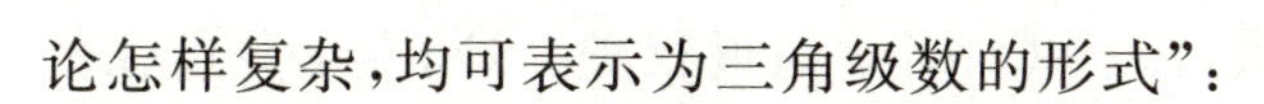

论怎样复杂，均可表示为三角级数的形式”：

$$f(x) \approx \frac{a_0}{2} + \sum_{k=1}^{\infty} (a_k \cos 2\pi kx + b_k \sin 2\pi kx), \quad 0 \leqslant x < 1$$

Fourier 在《热的解析理论》(1822 年)这本数学经典文献中，肯定了今日被称为“Fourier 分析”的重要数学方法。著名数学家 M. Kline 评价这一数学成就是“19 世纪数学的第一大步，并且是真正极为重要的一步”。[①]

19 世纪末曾有不少数学家研究过三角级数。大数学家 Euler 早就获知三角函数的正交性并提供了三角级数的系数公式，即建立了现今以 Fourier 命名的三角级数展开式。问题在于，所有这些方面的研究工作，“处处都渗透了这样一个矛盾现象：虽然当时正在进行着把所有类型的函数都表示成三角级数，而 Euler、d'Alembert 和 Lagrange 始终没有放弃过这样的立场，即认为并非任意的函数都可以用这样的级数来表示”。[②]

正是基于这一背景，Fourier 关于任意函数都可以表示为三角级数的这一思想被誉为“数学史上最大胆、最辉煌的概念”。

Fourier 的成就使人们从 Taylor 分析的理想函数类中解放了出来。Fourier 分析不仅放宽了函数光滑性的限制，还保证了整体的逼近效果。

从数学美的角度来看，Fourier 分析也比 Taylor 分析更美，其基函数系——三角函数系是个完备的正交函数系。尤其值得注意的是，这个函数系可以看作是由一个简单函数 $\cos x$ 经过简单的伸缩平移变换加工生成的。Fourier 分析表明，在下述意义下，任何复杂函数都可以借助于简单函数 $\cos x$ 来刻画：

$$\cos x \xrightarrow{\text{伸缩+平移}} \text{三角函数系} \xrightarrow{\text{组合}} \text{任意函数 } f(x)$$

这是一个惊人的事实。在这里，被逼近函数 $f(x)$ 的“繁”与逼近工具

① M. 克莱因. 古今数学思想(第三册). 上海：上海科学技术出版社，1980：54.

② M. 克莱因. 古今数学思想(第二册). 上海：上海科学技术出版社，1979：188.

$\cos x$ 的“简”两者反差很大,因此 Fourier 逼近很美。Fourier 分析在数学史上被誉为“一首数学的诗”,Fourier 则有“数学诗人”的美称。

1.1.2 Walsh 函数的复杂性

阐述 Fourier 分析的经典著作《热传导的解析理论》是 1822 年出版的。事隔百年之后,1923 年,美国数学家J. L. Walsh又提出了一个完备的正交函数系[①],后人称之为 Walsh **函数系**。第 k 族第 i 个 Walsh 函数具有如下形式:

$$W_{ki}(x) = \prod_{r=0}^{k-1} \operatorname{sgn}[\cos i_r 2^r \pi x], \quad 0 \leqslant x < 1$$

$$k = 0,1,2,\cdots$$

$$i = 0,1,3,\cdots,2^k - 1$$

式中 sgn 是符号函数,当 $x \geqslant 0$ 时 $\operatorname{sgn}[x]$取值+1,当 $x<0$ 时 $\operatorname{sgn}[x]$取值为-1,又 i_r 取值 0 或 1 是序数 i 的二进制码:

$$i = \sum_{r=0}^{k-1} i_r 2^r$$

这样,按定义,Walsh 函数 $W_{ki}(x)$的作图需要分为三个步骤:

第 1 步,将序数 i 表示为二进制码 $i_{k-1} i_{k-2} \cdots i_0$;

第 2 步,逐步作出 k 个余弦函数 $\cos i_r 2^r \pi x$,$r=0,1,\cdots,k-1$ 的图形;

第 3 步,将 $\cos i_r 2^r \pi x$ 取符号 sgn 并累乘求积生成 $W_{ki}(x)$。

譬如,第 4 族 Walsh 函数含有 16 个函数 $W_{ki}(x)$,$i=0,1,\cdots,15$。试考察其中的 $W_{4,15}(x)$。注意到序数 15 的二进制码为 1111,因此有

$$W_{4,15}(x) = (\operatorname{sgn} \cos 8\pi x)(\operatorname{sgn} \cos 4\pi x)(\operatorname{sgn} \cos 2\pi x)(\operatorname{sgn} \cos \pi x)$$

由此可见,依照 Walsh 函数 $W_{ki}(x)$的表达式绘制它的波形图往往是很困难的,要比三角函数困难得多。

---

① J. L. Walsh. A closed set of orthogonal functions[J]. Amer. J. Math. ,1923,15:5-24.

图 1 列出了前面 16 个 Walsh 函数的波形，其中第 1 个(标号 0)组成第 0 族，前两个(标号 0 与 1)组成第 1 族，前 4 个(标号 0,1,2,3)组成第 2 族，依此类推，前 16 个组成第 4 族 Walsh 函数。

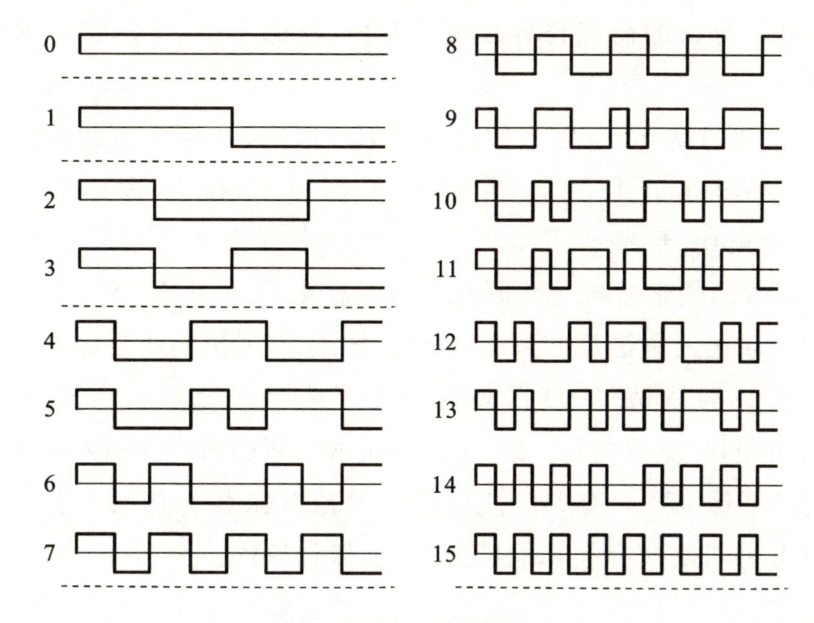

图 1　Walsh 函数的波形

可以看到，Walsh 函数取值简单，它仅取±1 两个值，但其波形却很复杂——似乎比三角函数要复杂得多，以致依据定义很难作出它们的图形。

另一方面，由于表达式中含有符号运算 sgn，Walsh 函数是一些几乎处处不连续的"怪异函数"(见图 1)，经典的微积分方法在这里难以施展身手。Walsh 函数系的形态怪异与表达式的复杂性使人们对它望而却步，在它被提出后的许多年里，一直默默无闻，不被人们所重视。

J. L. Walsh 是一位著名的数学家，他是美国科学院院士，曾担任过美国数学会主席。这位大数学家竟然也不欣赏自己的这一创造，在庆祝他 70 寿辰时出版的论文集中，竟未收录他于 1923 年提出 Walsh 函数的那篇论文。

直到 20 世纪的 60 年代末，人们才惊异地发现，Walsh 函数可应

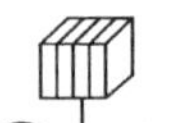

用于信号处理的众多领域,诸如通信、声呐、雷达、图像处理、语音识别、遥控遥测、仪表、医学、天文、地质,等等。美国应用数学家H. F. Harmuth因此惊人地预言:

Walsh 分析的研究将导致一场革命,就像十七、十八世纪的微积分那样。

在 H. F. Harmuth 等人的鼓动下,20 世纪 70 年代初在国际上掀起一阵"Walsh 分析热",当时每年都召开相关的国际会议。H. F. Harmuth 于 1977 年出版了关于序率理论的专著①,试图奠定 Walsh 函数的数学基础。然而具有讽刺意味的是,由于 Walsh 函数的序率特性远比三角函数的频率特性复杂,序率理论的建立非但没有激起人们更大的热情,反而在客观上泼了冷水。70 年代一度升温的"Walsh 分析热"竟然昙花一现,关于 Walsh 分析的研究又坠入低谷。

"真"必然"美"。有着广泛应用的 Walsh 函数为什么不美呢?关于 Walsh 分析的研究果真能导致"一场革命"吗?

1.1.3 Walsh 分析的数学美

后文将揭示出一个惊人的事实:表面上看起来极其复杂的 Walsh 函数系,竟然是由一个简单得不能再简单的方波 $R(x)=1$ 演化生成的。事实上,从方波 $R(x)$ 出发,经过伸缩平移的二分手续,即可演化生成 Walsh 函数系。Walsh 函数系是个完备的正交函数系,它可以用来逼近一般的复杂函数。这样,Walsh 逼近有下述路线图:

$$R(x)=1 \xrightarrow[\text{(二分手续)}]{\text{伸缩+平移}} \text{Walsh 函数系} \xrightarrow{\text{组合}} \text{复杂函数 } f(x)$$

与 Fourier 分析相比 Walsh 分析更为简单,它表明,在某种意义上,任何复杂函数 $f(x)$ 都是简单的方波$R(x)=1$ 二分演化的结果。

美哉 Walsh 分析!

---

① H. F. Harmuth. 序率理论基础和应用[M]. 张其善,等,译. 北京:人民邮电出版社,1980.

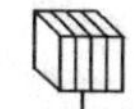

我们看到，数学史上近 300 年内提出的三种基本逼近方法，即 18 世纪初(1715 年)的 Taylor 分析、19 世纪初(1822 年)的 Fourier 分析和 20 世纪初(1923 年)的 Walsh 分析，它们都是数学美的光辉典范，是“百年绝唱三首数学诗”。

然而这些逼近工具一个比一个更美。Fourier 分析具有深度的数学美，而 Walsh 分析则具有极度的数学美。

问题在于，为了撩开 Walsh 函数玄妙而神秘的面纱，必须要换一种思维方式进行考察。为使 Walsh 分析的研究导致“一场革命”，首先意味着思维方式的更新。

1.2 Walsh 函数的演化机制

本章将限定在区间[0,1)上考察 Walsh 函数。由于自变量 x 在实际应用中通常代表时间，因此称区间[0,1)为**时基**。另外，本章始终约定 $N=2^n$，n 为正整数。

1.2.1 时基上的二分集

由图 1 可以看出，Walsh 函数是时基上的阶跃函数，每个 Walsh 函数在给定分划的每个子段上取定值+1 或−1。怎样刻画 Walsh 函数所依赖的分划呢？

为便于刻画 Walsh 函数的跃变特征，我们首先引进二分集的概念。设将时基 $E_1=[0,1)$ 对半二分，其左右两个小段合并为集 E_2：

$$E_2=\left[0,\frac{1}{2}\right)\cup\left[\frac{1}{2},1\right)$$

再将 E_2 的每个子段对半二分，又得含有 4 个子段的区间集 E_4：

$$E_4=\left[0,\frac{1}{4}\right)\cup\left[\frac{1}{4},\frac{1}{2}\right)\cup\left[\frac{1}{2},\frac{3}{4}\right)\cup\left[\frac{3}{4},1\right)$$

如此二分下去，二分 $n=\log_2 N$ 次所得的区间集含有 N 个子段：

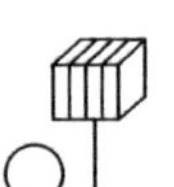

$$E_N=\bigcup_{i=0}^{N-1}\left[\frac{i}{N},\frac{i+1}{N}\right)$$

这样得出的区间集 E_N，$N=1,2,4,\cdots$称之为时基上的**二分集**(见图 2)。

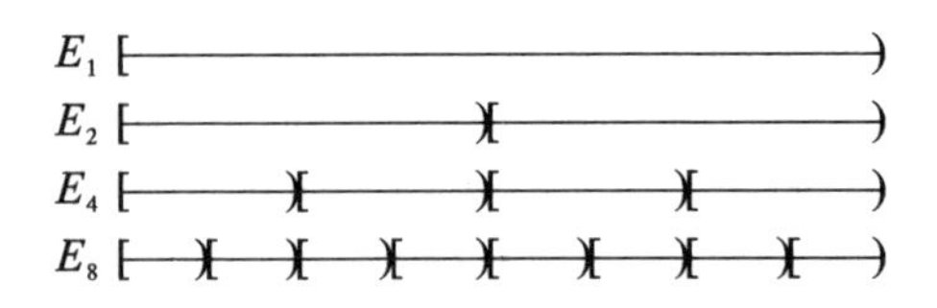

图 2　时基上的二分集

在二分集的每个子段上取定值的函数称作二分集上的**阶跃函数**。阶跃函数在某一子段上的函数值称**阶跃值**。

现在的问题是，**如何在二分集 E_N 的各个子段上布值 $+1$ 与 -1 以设计出一个完备的正交函数系。实际上，这种函数系就是** Walsh **函数系。**

由于阶跃函数可表示为离散化的向量形式，因而能为计算机所接受，特别适用于计算机上的数据处理。在这种意义上，二分集上的阶跃函数是计算机函数。

特别地，仅取 ±1 两个值的阶跃函数称作**开关函数**。为规范起见，约定开关函数第一个阶跃值(即最左侧的子段上的函数值)为 $+1$。

在各种形式的开关函数中，最简单的自然是方波

$$R(x)=1,\quad 0\leqslant x<1$$

然而这个函数过于平凡而显得“空虚”，其中似乎不含任何信息。“波”的含义是波动、起伏。按这种理解，时基上的方波似乎不能算作真正的“波”。具有波动性的最简单的波形是 Haar① **波**，即

$$H(x)=\begin{cases}+1, & 0\leqslant x<\dfrac{1}{2}\\ -1, & \dfrac{1}{2}\leqslant x<1\end{cases}$$

由图 1 知，方波与 Haar 波都是 Walsh 函数系的源头。

---

① 哈尔(Alfred Haar，1885—1933)，匈牙利数学家.

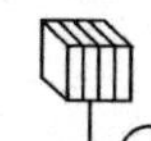

1.2.2 Walsh **函数的矩阵表示**

现在的问题是，如何在二分集 E_N，$N=1,2,4,\cdots$ 的每个子段上布值 $+1$ 和 -1，以生成一个完备的正交函数系——Walsh 函数系。设 $N=2^n$，二分集 E_N 上 Walsh 函数的全体称为**第 n 族** Walsh **函数**，记之为 W_N，其中含有 N 个 Walsh 函数。图 1 列出了第 4 族的 16 个函数。

特别地，W_1 仅含一个函数，即方波 $R(x)$，而 W_2 所含的两个 Walsh 函数则是方波 $R(x)$ 与 Haar 波 $H(x)$。

本卷上篇简记 $+1$，-1 为 $+$，$-$。

由于 W_N 中每个函数在二分集 E_N 的每个子段上取值 $+$ 或 $-$，因而它们可表示为 N 维向量，这样，W_N 中 Walsh 函数的全体可表示为一个 N 阶方阵，称之为 Walsh **方阵**，仍记为 $\boldsymbol{W}_N$。

据图 1 容易看出，前面几个 Walsh **方阵分别是**

$$\boldsymbol{W}_1=[+],\quad \boldsymbol{W}_2=\begin{bmatrix}+ & +\\ + & -\end{bmatrix}$$

$$\boldsymbol{W}_4=\begin{bmatrix}+ & + & + & +\\ + & + & - & -\\ + & - & - & +\\ + & - & + & -\end{bmatrix}$$

$$\boldsymbol{W}_8=\begin{bmatrix}+ & + & + & + & + & + & + & +\\ + & + & + & + & - & - & - & -\\ + & + & - & - & - & - & + & +\\ + & + & - & - & + & + & - & -\\ + & - & - & + & + & - & - & +\\ + & - & - & + & - & + & + & -\\ + & - & + & - & - & + & - & +\\ + & - & + & - & + & - & + & -\end{bmatrix}$$

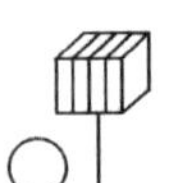

请读者据图 1 列出 Walsh 方阵 $\boldsymbol{W}_{16}$。

Walsh 方阵看上去仍是个复杂系统，这个复杂系统中究竟潜藏着怎样的规律呢？

1.2.3 Walsh 二分演化系统

本章将运用二分演化技术，逐步演化生成 Walsh 函数系

$$\boldsymbol{W}_1 \Rightarrow \boldsymbol{W}_2 \Rightarrow \boldsymbol{W}_4 \Rightarrow \boldsymbol{W}_8 \Rightarrow \cdots$$

运用第一卷《正本清源二进制》所述的“伏羲宝钥”，这里的二分模式如图 3 所示。

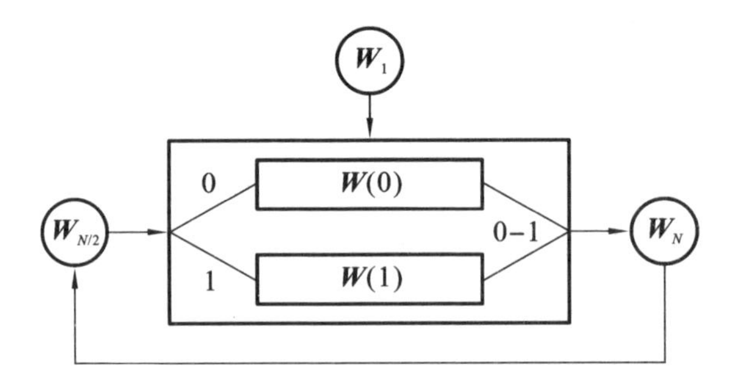

图 3 Walsh 二分演化模式

图中方框部分规定的演化法则分**分裂步**（一分为二）与**合成步**（合二为一）两个环节。分裂步对 $\boldsymbol{W}_{N/2}$ 施行 **0 法则**与 **1 法则**两种加工手续，分别生成 $\boldsymbol{W}(0)$ 和 $\boldsymbol{W}(1)$ 两种成分；合成步施行 **0-1 法则**，将 $\boldsymbol{W}(0)$ 和 $\boldsymbol{W}(1)$ 合成为新一族的 $\boldsymbol{W}_N$。

首先考察作为 Walsh 函数系源头的方波 $R(x)$ 与 Haar 波 $H(x)$，它们在二分集 E_2 上的向量形式分别为

$$\boldsymbol{R}(x) = [+ \quad +]$$

$$\boldsymbol{H}(x) = [+ \quad -]$$

它们两者显然具有不同的对称性：$\boldsymbol{R}(x)$ 呈（镜像）偶对称，而 $\boldsymbol{H}(x)$ 呈奇对称；或者说，$\boldsymbol{R}(x)$ 呈（平移）正对称，而 $\boldsymbol{H}(x)$ 呈反对称。在这种意义下，自然认为方波与 Haar 波互为**反函数**。

因而，Walsh 方阵从 $\boldsymbol{W}_1=[+]$ 到 $\boldsymbol{W}_2=\begin{bmatrix}+ & +\\ + & -\end{bmatrix}$ 的二分演化机制如图 4 所示。

$$
\begin{array}{c}
[+]=\boldsymbol{W}_1\\
0 \swarrow \quad \searrow 1\\
[+\quad +] \qquad [+\quad -]\\
\searrow\ 0\text{-}1\ \swarrow\\
\begin{bmatrix}+ & +\\ + & -\end{bmatrix}=\boldsymbol{W}_2
\end{array}
$$

图 4　$W_1 \Rightarrow W_2$ 的二分演化机制

这个演化过程可以有多种理解。其中，分裂步（0 法则与 1 法则）既可以理解为镜像复制的偶复制与奇复制，亦可理解为平移复制的正复制与反复制；此外，合成步（0-1 法则）既可以理解为奇偶混排，也可以理解为首尾接排。这就是说，图 4 所示的二分演化机制可理解为多种演化方式（见表 1）。

表 1　Walsh 函数的演化方式

分裂步	合成步	
	奇偶混排	首尾接排
镜像复制	方式Ⅰ	方式Ⅳ
平移复制	方式Ⅱ	方式Ⅲ

这样，Walsh 函数将有多种排序方式。

值得指出的是，本章描述的演化法则基于对称性原理，而矩阵元素的对称性含义直观，无须事先给出严格的数学定义，请读者留意。

1.2.4　对称性的巨大威力

Walsh 方阵 $\boldsymbol{W}_N$ 都是对称阵。在运用二分演化模式处理 Walsh 方阵时，要紧扣“对称性”这个关键词。

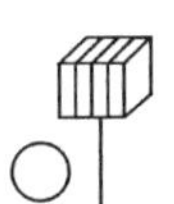

让我们重温科学发展史,从中汲取有益的启示。

在20世纪初的1902年,年轻的爱因斯坦决心投身科学事业,他认真梳理了理论物理学的发展脉络,认为物理学家们在整个19世纪实际上只做了三件大事:

先是做大量物理实验,譬如摆弄青蛙腿与导线的关系,瞎忙了许多年,终于获得了一些关于自然的规律性的认识;

然后着手建立数学模型,导出了刻画这些规律的麦克斯韦方程,实现了电磁学和光学的大统一;

最后归纳出这些规律的对称性,即洛伦兹不变性。

爱因斯坦发现,这个发展过程可以反转过来重新认识。他把对称性当作出发点,基于洛伦兹不变性容易理解麦克斯韦方程,再运用电磁理论指导物理实验,这样整个探索过程一蹴而就。

爱因斯坦认识到对称性的巨大威力,认识到可以利用对称性来支配理论物理学的设计。他从在比萨斜塔上观察得出的对称性出发,建立了新的引力理论,即爱因斯坦相对论,据此获得了关于引力、时空扭曲、大爆炸等一系列新奇的猜想,从而发动了一场轰轰烈烈的现代物理学大革命。

爱因斯坦谆谆教导人们,要倾听自己内心深处神圣的声音。

我们在探索Walsh分析时,认真汲取了爱因斯坦“从对称性出发”的基本构思,建立了以平移对称和镜像对称为对偶关系的二分演化系统,结果发现,只需“一次俯冲”就能捕捉到Walsh分析的排序理论,真是“一蹴而就”。

1.3 Walsh函数的排序方式

如表1所示,Walsh函数的演化方式分镜像复制/奇偶混排、平移复制/奇偶混排以及平移复制/首尾接排等多种情况。按不同情况演化生成的Walsh函数,其排序方式互不相同。

1.3.1 Walsh 序

首先考察分裂步/合成步分别为镜像复制/奇偶混排的演化方式（表 1 中的演化方式Ⅰ），这样演化生成的 Walsh 函数系称作是 Walsh **序**的。Walsh 序的 Walsh 方阵仍记作 $\boldsymbol{W}_N$，简称为 Walsh **阵**。Walsh 阵 $\boldsymbol{W}_N$ 的演化法则是

> **法则 1** （Walsh 序）
>
> **0 法则** $\boldsymbol{W}_{N/2}$ 偶复制生成 $\boldsymbol{W}(0)$；
>
> **1 法则** $\boldsymbol{W}_{N/2}$ 奇复制生成 $\boldsymbol{W}(1)$；
>
> **0-1 法则** $\boldsymbol{W}(0)$ 与 $\boldsymbol{W}(1)$ 奇偶混排合成 $\boldsymbol{W}_N$。

显然，$\boldsymbol{W}_1$ 按法则 1 演化生成 $\boldsymbol{W}_2$（见图 4）。$\boldsymbol{W}_2$ 再演化一次，有如图 5 所示的二分演化图。

$$\begin{bmatrix} + & + \\ + & - \end{bmatrix} = \boldsymbol{W}_2$$

0 ／ ＼ 1

$$\boldsymbol{W}(0) = \left[\begin{array}{cc:cc} + & + & + & + \\ + & - & - & + \end{array}\right] \quad \left[\begin{array}{cc:cc} + & + & - & - \\ + & - & + & - \end{array}\right] = \boldsymbol{W}(1)$$

＼ 0-1 ／

$$\begin{bmatrix} + & + & + & + \\ + & + & - & - \\ + & - & - & + \\ + & - & + & - \end{bmatrix} = \boldsymbol{W}_4$$

图 5 $\boldsymbol{W}_2 \Rightarrow \boldsymbol{W}_4$ 的二分演化

对 $\boldsymbol{W}_4$ 按法则 1 再演化一次即得 Walsh 阵 $\boldsymbol{W}_8$（参看 1.2.2 节），如图 6 所示。

上述二分演化方法不仅手续简便，而且效率高。在演化过程中 Walsh 阵的阶数是逐步倍增的。每演化一次，Walsh 函数的个数增加一倍。

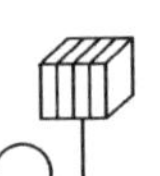

$$\begin{bmatrix} + & + & + & + \\ + & + & - & - \\ + & - & - & + \\ + & - & + & - \end{bmatrix} = \boldsymbol{W}_4$$

$$0 \qquad\qquad 1$$

$$\left[\begin{array}{cccc:cccc} + & + & + & + & + & + & + & + \\ + & + & - & - & - & - & + & + \\ + & - & - & + & + & - & - & + \\ + & - & + & - & - & + & - & + \end{array}\right] \quad \left[\begin{array}{cccc:cccc} + & + & + & + & - & - & - & - \\ + & + & - & - & + & + & - & - \\ + & - & - & + & - & + & + & - \\ + & - & + & - & + & - & + & - \end{array}\right]$$

$$0\text{–}1$$

$$\left[\begin{array}{cccc:cccc} + & + & + & + & + & + & + & + \\ + & + & + & + & - & - & - & - \\ + & + & - & - & - & - & + & + \\ + & + & - & - & + & + & - & - \\ \hdashline + & - & - & + & + & - & - & + \\ + & - & - & + & - & + & + & - \\ + & - & + & - & - & + & - & + \\ + & - & + & - & + & - & + & - \end{array}\right] = \boldsymbol{W}_8$$

图 6　$\boldsymbol{W}_4 \Rightarrow \boldsymbol{W}_8$ 的二分演化

比较上述 Walsh 阵与 1.2.2 节列出的 Walsh 方阵，容易看出，Walsh **阵所表达的正是原始定义的** Walsh **函数。**

1.3.2　Paley 序

进一步考察表 1 中的演化方式Ⅱ。

设将法则 1 中的镜像复制替换为平移复制，这样演化生成的 Walsh 函数系称作是 Paley **序**的。R. E. Paley 于 1923 年导出了这种 Walsh 函数系[①]。

① R. E. Paley. A remarkable set of orthogonal functions[J]. Proc. London. Math. Soc. ,1932:34.

设将 Paley 序的 Walsh 阵记作 $\boldsymbol{P}_N$，简称为 Paley **阵**。仍令 $\boldsymbol{P}_1=$ [+]，Paley 阵 $\boldsymbol{P}_N$ 演化法则是

法则 2 （Paley 序）

0 法则 $\boldsymbol{P}_{N/2}$ 平移正复制生成 $\boldsymbol{P}(0)$；

1 法则 $\boldsymbol{P}_{N/2}$ 平移反复制生成 $\boldsymbol{P}(1)$；

0-1 法则 $\boldsymbol{P}(0)$ 与 $\boldsymbol{P}(1)$ 奇偶混排合成 $\boldsymbol{P}_N$。

不言而喻，从 $\boldsymbol{P}_1=[+]$ 出发，按法则 2 依然演化生成 $\boldsymbol{P}_2=\begin{bmatrix}+ & +\\ + & -\end{bmatrix}$。再演化一次，其过程如图 7 所示。

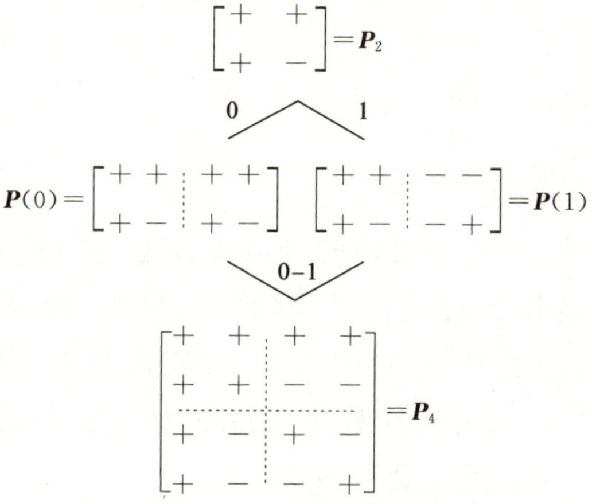

$$\begin{bmatrix}+ & +\\ + & -\end{bmatrix}=\boldsymbol{P}_2$$

0　　1

$$\boldsymbol{P}(0)=\left[\begin{array}{cc:cc}+ & + & + & +\\ + & - & + & -\end{array}\right]\quad\left[\begin{array}{cc:cc}+ & + & - & -\\ + & - & - & +\end{array}\right]=\boldsymbol{P}(1)$$

0-1

$$\left[\begin{array}{cc:cc}+ & + & + & +\\ + & + & - & -\\ \hdashline + & - & + & -\\ + & - & - & +\end{array}\right]=\boldsymbol{P}_4$$

图 7　$\boldsymbol{P}_2\Rightarrow\boldsymbol{P}_4$ 的二分演化

进一步按法则 2 演化，得出如图 8 所示的二分演化图。

同 Walsh 阵 $\boldsymbol{W}_N$ 比较，Paley 阵 $\boldsymbol{P}_N$ 只是排序方式不同，不过人们更习惯于处理平移对称，因而感到 Paley 阵的演化过程比 Walsh 阵的演化过程更为“自然”。

$$\begin{bmatrix} + & + & + & + \\ + & + & - & - \\ + & - & + & - \\ + & - & - & + \end{bmatrix} = \boldsymbol{P}_4$$

0 　　　　 1

$$\left[\begin{array}{cccc:cccc} + & + & + & + & + & + & + & + \\ + & + & - & - & + & + & - & - \\ + & - & + & - & + & - & + & - \\ + & - & - & + & + & - & - & + \end{array}\right] \quad \left[\begin{array}{cccc:cccc} + & + & + & + & - & - & - & - \\ + & + & - & - & - & - & + & + \\ + & - & + & - & - & + & - & + \\ + & - & - & + & - & + & + & - \end{array}\right]$$

0-1

$$\left[\begin{array}{cccc:cccc} + & + & + & + & + & + & + & + \\ + & + & + & + & - & - & - & - \\ + & + & - & - & + & + & - & - \\ + & + & - & - & - & - & + & + \\ \hdashline + & - & + & - & + & - & + & - \\ + & - & + & - & - & + & - & + \\ + & - & - & + & + & - & - & + \\ + & - & - & + & - & + & + & - \end{array}\right] = \boldsymbol{P}_8$$

图 8　$\boldsymbol{P}_4 \Rightarrow \boldsymbol{P}_8$ 的二分演化

1.3.3　Hadamard **序**

再考察表 1 的演化方式Ⅲ。

同奇偶混排比较，首尾接排的合成方式更为“自然”。进一步将法则 2 的奇偶混排替换为首尾接排，这样，分裂步/合成步按平移复制/首尾接排的方式演化生成的 Walsh 函数称作是 Hadamard **序**的。Hadamard 序的 Walsh 方阵简称为 Hadamard **阵**，记作 $\boldsymbol{H}_N$。

Hadamard 阵 $\boldsymbol{H}_N$ 的演化法则是

> **法则 3**　(Hadamard 序)
>
> **0 法则**　$\boldsymbol{H}_{N/2}$ 平移正复制生成 $\boldsymbol{H}(0)$；
>
> **1 法则**　$\boldsymbol{H}_{N/2}$ 平移反复制生成 $\boldsymbol{H}(1)$；
>
> **0-1 法则**　$\boldsymbol{H}(0)$ 与 $\boldsymbol{H}(1)$ 首尾接排合成 $\boldsymbol{H}_N$。

仍然从 $\boldsymbol{H}_1 = [+]$ 出发，依法则 3 演化生成 $\boldsymbol{H}_2 = \begin{bmatrix} + & + \\ + & - \end{bmatrix}$，进一

步演化,如图 9 所示。

$$\begin{bmatrix} + & + \\ + & - \end{bmatrix} = \boldsymbol{H}_2$$

$$\boldsymbol{H}(0) = \left[\begin{array}{cc:cc} + & + & + & + \\ + & - & + & - \end{array}\right] \quad \left[\begin{array}{cc:cc} + & + & - & - \\ + & - & - & + \end{array}\right] = \boldsymbol{H}(1)$$

(0, 1; 0-1)

$$\left[\begin{array}{cc:cc} + & + & + & + \\ + & - & + & - \\ \hdashline + & + & - & - \\ + & - & - & + \end{array}\right] = \boldsymbol{H}_4$$

图 9 $\boldsymbol{H}_2 \Rightarrow \boldsymbol{H}_4$ 的二分演化

再演化一次,如图 10 所示。

$$\begin{bmatrix} + & + & + & + \\ + & - & + & - \\ + & + & - & - \\ + & - & - & + \end{bmatrix} = \boldsymbol{H}_4$$

(0, 1)

$$\left[\begin{array}{cccc:cccc} + & + & + & + & + & + & + & + \\ + & - & + & - & + & - & + & - \\ + & + & - & - & + & + & - & - \\ + & - & - & + & + & - & - & + \end{array}\right] \quad \left[\begin{array}{cccc:cccc} + & + & + & + & - & - & - & - \\ + & - & + & - & - & + & - & + \\ + & + & - & - & - & - & + & + \\ + & - & - & + & - & + & + & - \end{array}\right]$$

(0-1)

$$\left[\begin{array}{cccc:cccc} + & + & + & + & + & + & + & + \\ + & - & + & - & + & - & + & - \\ + & + & - & - & + & + & - & - \\ + & - & - & + & + & - & - & + \\ \hdashline + & + & + & + & - & - & - & - \\ + & - & + & - & - & + & - & + \\ + & + & - & - & - & - & + & + \\ + & - & - & + & - & + & + & - \end{array}\right] = \boldsymbol{H}_8$$

图 10 $\boldsymbol{H}_4 \Rightarrow \boldsymbol{H}_8$ 的二分演化

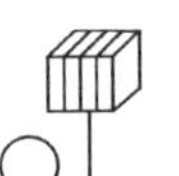

总之，本节基于二分演化机制，总共给出了3种不同的排序方式，其演化法则比较如表2所示。

表2　Walsh 函数的排序方式

分裂步	合成步	
	奇偶混排	首尾接排
镜像复制	Walsh 序(法则1)	第4种排序方式(从略)
平移复制	Paley 序(法则2)	Hadamard 序(法则3)

Walsh 函数的上述排序方式已被传统的 Walsh 分析所确认，不过本卷的处理方法与传统做法迥然不同。我们看到，运用二分演化机制生成 Walsh 函数只是一蹴而就的事，其原理容易理解，其方法容易掌握。二分演化机制深刻地揭示出了 Walsh 函数的实质。

1.4　Walsh 函数的复制技术

上一节介绍了 Walsh 函数的演化法则。本节将进一步揭示这些演化法则的简单性。将会看到，Walsh 函数的逐族演化过程可表述为 Walsh 方阵的加工过程，而加工手续则是某种对称性复制。

1.4.1　镜像行复制

参看表2，首先考察 Walsh 序。Walsh 序采取镜像复制/奇偶混排的二分演化方式。

记 $\boldsymbol{W}_N(i)$ 为 Walsh 阵 $\boldsymbol{W}_N$ 的第 i 行，按法则1，$\boldsymbol{W}_{N/2}(i)$ 偶复制和奇复制分别生成 $\boldsymbol{W}_N$ 的第 $2i$ 行和第 $2i+1$ 行，即有：

命题1　Walsh 阵有递推关系式

$$\begin{aligned}\boldsymbol{W}_N(2i)&=[\boldsymbol{W}_{N/2}(i) \;\vdots\; \ddot{\boldsymbol{W}}_{N/2}(i)],\\ \boldsymbol{W}_N(2i+1)&=[\boldsymbol{W}_{N/2}(i) \;\vdots\; \dot{\boldsymbol{W}}_{N/2}(i)],\end{aligned}\qquad i=0,1,\cdots,N/2-1$$

式中 $\ddot{\boldsymbol{W}}_{N/2}(i)$ 与 $\dot{\boldsymbol{W}}_{N/2}(i)$ 分别表示左侧 $\boldsymbol{W}_{N/2}(i)$ 的偶复制与奇复制。可

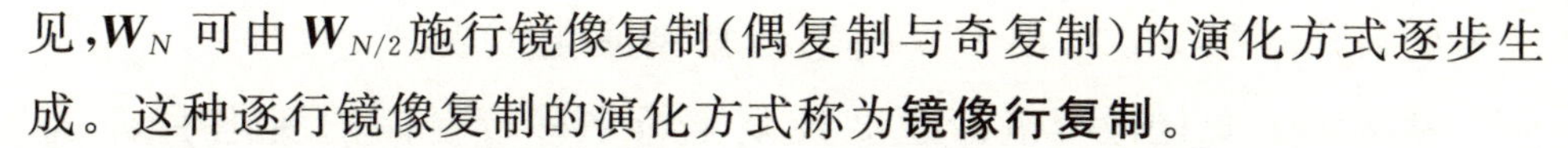

见，$\boldsymbol{W}_N$ 可由 $\boldsymbol{W}_{N/2}$施行镜像复制（偶复制与奇复制）的演化方式逐步生成。这种逐行镜像复制的演化方式称为**镜像行复制**。

从 $\boldsymbol{W}_1=[+]$出发，依命题 1 反复施行镜像行复制的演化手续，可逐步生成各阶 Walsh 阵：

$$
[+]\Rightarrow\begin{bmatrix}+ & +\\ + & -\end{bmatrix}\Rightarrow\left[\begin{array}{cc:cc}+ & + & + & +\\ + & + & - & -\\ \hdashline + & - & - & +\\ + & - & + & -\end{array}\right]
$$

$$
\Rightarrow\left[\begin{array}{cccc:cccc}+ & + & + & + & + & + & + & +\\ + & + & + & + & - & - & - & -\\ \hdashline + & + & - & - & - & - & + & +\\ + & + & - & - & + & + & - & -\\ \hdashline + & - & - & + & + & - & - & +\\ + & - & - & + & - & + & + & -\\ \hdashline + & - & + & - & - & + & - & +\\ + & - & + & - & + & - & + & -\end{array}\right]\Rightarrow\cdots
$$

1.4.2 平移行复制

上述 Walsh 阵的行复制手续是简单的，只是人们觉得镜像复制的演化手续有点“不自然”。

再考察 Paley 序。如表 2 所示，Paley 序采取平移复制/奇偶混排的演化方式。注意到 Paley 序亦为奇偶混排的合成手续，因而它同样采取**行复制**的演化方式。

记 $\boldsymbol{P}_N(i)$为 Paley 阵 $\boldsymbol{P}_N$ 的第 i 行，按法则 2，$\boldsymbol{P}_{N/2}(i)$平移复制生成 $\boldsymbol{P}_N$ 的第 $2i$ 行和第 $2i+1$ 行，即有：

命题 2 Paley 阵有递推关系式

$$
\left.\begin{array}{l}\boldsymbol{P}_N(2i)=[\boldsymbol{P}_{N/2}(i)\ \vdots\ \boldsymbol{P}_{N/2}(i)],\\ \boldsymbol{P}_N(2i+1)=[\boldsymbol{P}_{N/2}(i)\ \vdots\ -\boldsymbol{P}_{N/2}(i)],\end{array}\right.\quad i=0,1,\cdots,N/2-1
$$

这表明,Paley 阵 $\boldsymbol{P}_N$ 可由 $\boldsymbol{P}_{N/2}$ **平移行复制**演化生成。

从 $\boldsymbol{P}_1=[+]$出发,依命题 2 反复施行平移行复制的演化手续,即可生成各阶 Paley 阵:

$$[+]\Rightarrow\begin{bmatrix}+&+\\+&-\end{bmatrix}\Rightarrow\begin{bmatrix}+&+&+&+\\+&+&-&-\\+&-&+&-\\+&-&-&+\end{bmatrix}$$

$$\Rightarrow\begin{bmatrix}+&+&+&+&+&+&+&+\\+&+&+&+&-&-&-&-\\+&+&-&-&+&+&-&-\\+&+&-&-&-&-&+&+\\+&-&+&-&+&-&+&-\\+&-&+&-&-&+&-&+\\+&-&-&+&+&-&-&+\\+&-&-&+&-&+&+&-\end{bmatrix}\Rightarrow\cdots$$

1.4.3　块复制

比较 Paley 阵与 Walsh 阵的复制方式,两者都采取行复制,是否有更简捷的复制方式呢?

如表 2 所示,Hadamard 序采取平移复制/首尾接排的演化方式。记 $\boldsymbol{H}_N(i)$为 Hadamard 阵 $\boldsymbol{H}_N$ 的第 i 行,按法则 3,$\boldsymbol{H}_{N/2}(i)$平移复制生成 $\boldsymbol{H}_N$ 的第 i 行和第 $N/2+i$ 行,即有:

命题 3　Hadamard 阵有递推关系式

$$\left.\begin{aligned}&\boldsymbol{H}_N(i)=[\boldsymbol{H}_{N/2}(i)\ \vdots\ \boldsymbol{H}_{N/2}(i)],\\&\boldsymbol{H}_N(N/2+i)=[\boldsymbol{H}_{N/2}(i)\ \vdots\ -\boldsymbol{H}_{N/2}(i)],\end{aligned}\right.\quad i=0,1,\cdots,N/2-1$$

这就是说,如果将方阵 $\boldsymbol{H}_N$ 对分为 4 块,则有:

命题 4 Hadamard 阵有递推关系式

$$\boldsymbol{H}_N=\left[\begin{array}{c:c}\boldsymbol{H}_{N/2} & \boldsymbol{H}_{N/2} \\ \hdashline \boldsymbol{H}_{N/2} & -\boldsymbol{H}_{N/2}\end{array}\right]$$

这样，在生成 Hadamard 阵 $\boldsymbol{H}_N$ 时，可用整块 $\boldsymbol{H}_{N/2}$ 作为复制对象，这种复制方式称为**块复制**。

从 $\boldsymbol{H}_1=[+]$ 出发，按命题 4 反复施行**平移块复制**可逐步生成各阶 Hadamard 阵：

$$[+]\Rightarrow\begin{bmatrix}+ & + \\ + & -\end{bmatrix}\Rightarrow\left[\begin{array}{cc:cc}+ & + & + & + \\ + & - & + & - \\ \hdashline + & + & - & - \\ + & - & - & +\end{array}\right]$$

$$\Rightarrow\left[\begin{array}{cccc:cccc}+ & + & + & + & + & + & + & + \\ + & - & + & - & + & - & + & - \\ + & + & - & - & + & + & - & - \\ + & - & - & + & + & - & - & + \\ \hdashline + & + & + & + & - & - & - & - \\ + & - & + & - & - & + & - & + \\ + & + & - & - & - & - & + & + \\ + & - & - & + & - & + & + & -\end{array}\right]\Rightarrow\cdots$$

综上所述，运用行复制与块复制的加工方式，Walsh 方阵的演化生成有如表 3 所示的三条途径。

表 3 Walsh **方阵的演化方式**

复制方式	对称性	
	镜像对称	平移对称
行复制	Walsh 阵	Paley 阵
块复制	镜像块复制从略	Hadamard 阵

一个令人关切的问题是，除了传统的三种排序方式外，表 3 所凸显的镜像块复制的演化方式同样有实际意义①。

① 王能超.算法演化论[M].北京：高等教育出版社，2008.

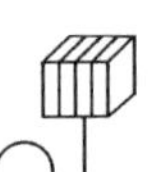

1.4.4 点复制

块复制方法还可以换一个视角来考察。不难证明，对于 Hadamard 阵，只要对 $\boldsymbol{H}_{N/2}$ 中的每个元素施行变换

$$[+]\Rightarrow\begin{bmatrix}+ & +\\ + & -\end{bmatrix},\quad [-]\Rightarrow\begin{bmatrix}- & -\\ - & +\end{bmatrix}$$

即可生成 $\boldsymbol{H}_N$。

对矩阵中的每个元素进行加工的这种方法称作**点复制**。下面描述 Hadamard 阵的点复制过程：

$$[+]\Rightarrow\begin{bmatrix}+ & +\\ + & -\end{bmatrix}\Rightarrow\begin{bmatrix}+ & + & + & +\\ + & - & + & -\\ + & + & - & -\\ + & - & - & +\end{bmatrix}$$

$$\Rightarrow\begin{bmatrix}+ & + & + & + & + & + & + & +\\ + & - & + & - & + & - & + & -\\ + & + & - & - & + & + & - & -\\ + & - & - & + & + & - & - & +\\ + & + & + & + & - & - & - & -\\ + & - & + & - & - & + & - & +\\ + & + & - & - & - & - & + & +\\ + & - & - & + & - & + & + & -\end{bmatrix}\Rightarrow\cdots$$

耐人寻味的是，由于上述点复制过程反复运用嵌入手续，因此所生成的矩阵具有无限精细的自相似结构。这就是说，Hadamard 阵本质上是分形。

这里揭示出一个有趣的事实，关于 Walsh 分析的研究直通分形，或者说，Walsh 函数其实就是某种意义下的分形。齐东旭教授所著《分形及其计算机生成》一书中突出地介绍了 Walsh 函数①，这种精心安排是很有见解的。

① 齐东旭.分形及其计算机生成[M].北京：科学出版社，1994.

人们把分形誉为大自然的几何学。分形几何创造了一系列美的形象，使人们获得了美的享受。**Walsh 函数直通分形这一事实，使 Walsh 函数一下子升华到某种高超的境界，呈现出一种“悠悠心会，妙处难与君说”的朦胧美。**

单纯从数学公式和几何图形观察 Walsh 函数(参看本章 1.1.2 节)，它们错综复杂，令人眼花缭乱。但如果抓住其对称性的本质，我们看到，Walsh 函数的形态极为优美。

本节的论述表明，运用基于对称性的复制技术，建立 Walsh 函数的演化机制是轻而易举的事；而运用 Walsh 函数的演化机制，不需要任何数学推理就能捕获貌似复杂的 Walsh 函数。

1.5 Walsh 函数的表达式

前面基于演化机制运用对称性复制技术引进了 Walsh 函数。这种处理方法与传统数学有着实质性的差异。**传统数学的演绎过程是从数学定义出发演绎出对称性，而演化数学方法则从对称性出发演绎出传统数学的数学定义。**

现在基于 Walsh 函数的演化法则推导出它的数学表达式。

我们看到，Walsh 函数本质上是离散的，它的每个函数可表示为向量，而其中每一族函数则表示为某个方阵，第 n 族 Walsh 函数是一个 $N=2^n$ 阶 Walsh 方阵。

依排序方式的不同，Hadamard 序、Paley 序与 Walsh 序的 Walsh 方阵分别称 Hadamard 阵、Paley 阵与 Walsh 阵。限于篇幅，这里仅考察 Hadamard 阵，有关 Walsh 方阵的其余排序方式可参看作者有关专著[①]。

考察 Hadamard 阵 $\boldsymbol{H}_N$。$\boldsymbol{H}_N$ 是通过平移块复制的方式演化生成的，如 1.4.3 节命题 4 所述：

---

① 王能超.算法演化论[M].北京:高等教育出版社,2008.

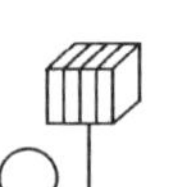

$$\boldsymbol{H}_N=\begin{bmatrix}\boldsymbol{H}_{N/2} & \boldsymbol{H}_{N/2}\\ \boldsymbol{H}_{N/2} & -\boldsymbol{H}_{N/2}\end{bmatrix}$$

这就是说,如果将矩阵 $\boldsymbol{H}_N$ 对分为 4 块,则其左上、右上与左下三块均为 $\boldsymbol{H}_{N/2}$,而右下块则为 $-\boldsymbol{H}_{N/2}$。记 $\boldsymbol{H}_N(i,j)$ 为矩阵 $\boldsymbol{H}_N$ 第 i 行第 j 列的元素,则矩阵元素有下列关系:

命题 5 对 $0\leqslant i,j\leqslant N/2-1$,有

$$\begin{aligned}\boldsymbol{H}_N(i,j)&=\boldsymbol{H}_N(i,N/2+j)=\boldsymbol{H}_N(N/2+i,j)\\&=-\boldsymbol{H}_N(N/2+i,N/2+j)=\boldsymbol{H}_{N/2}(i,j)\end{aligned}$$

设序数 $i,j(0\leqslant i,j\leqslant N-1)$ 的自然码为

$$i=(i_{n-1}i_{n-2}\cdots i_0),\quad j=(j_{n-1}j_{n-2}\cdots j_0)$$

则命题 5 可表述为

$$\begin{aligned}\boldsymbol{H}_N(0i_{n-2}\cdots i_0,0j_{n-2}\cdots j_0)&=\boldsymbol{H}_N(0i_{n-2}\cdots i_0,1j_{n-2}\cdots j_0)\\&=\boldsymbol{H}_N(1i_{n-2}\cdots i_0,0j_{n-2}\cdots j_0)\\&=-\boldsymbol{H}_N(1i_{n-2}\cdots i_0,1j_{n-2}\cdots j_0)\\&=\boldsymbol{H}_{N/2}(i_{n-2}\cdots i_0,j_{n-2}\cdots j_0)\end{aligned}$$

综合这些关系,有

$$\boldsymbol{H}_N(i_{n-1}i_{n-2}\cdots i_0,j_{n-1}j_{n-2}\cdots j_0)=(-1)^{i_{n-1}j_{n-1}}\boldsymbol{H}_{N/2}(i_{n-2}\cdots i_0,j_{n-2}\cdots j_0)$$

因而 Hadamard 阵有如下指数形式的显式表达式:

命题 6

$$\boldsymbol{H}_N(i,j)=\prod_{r=0}^{n-1}(-1)^{i_{n-r-1}j_{n-r-1}}$$

直接由表达式知 Hadamard 阵 $\boldsymbol{H}_N$ 是对称阵。

小　　结

从传统数学的观点看,Walsh 函数是一类难以驾驭的“怪异”函数,它们具有间断性,甚至“几乎处处”不连续,因而经典的微积分方法对这类函数难以奏效。

其实 Walsh 函数既复杂而又简单。它们的值域仅有两个值,这已是最大限度的简单。然而 Walsh 函数的取值方式却极其复杂，直接依据数学定义考察 Walsh 函数，会使人感到扑朔迷离，难辨雌雄。

Walsh 函数的造型变化万千，但“万变不离其宗”，各种 Walsh 函数的演化机理都源于方波与 Haar 波的对峙（参看图 4），而形形色色的 Walsh 函数都可视为方波的变形。方波不含任何信息（其值恒为 1），是个哲理上的“无”，而用于刻画各种信号的 Walsh 函数自然是哲理上的“有”，Walsh 函数系的演化过程，深刻地印证了“有生于无”这个辩证原理。

运用二分演化机理撩开 Walsh 函数神秘的面纱，我们看到，它们竟是方波 $R(x)=1$ 二分演化的结果。在这种意义下，Walsh 函数又是简单得不能再简单的了。

尽管 Walsh 函数的演化法则简单，但它拥有多种排序方式，各种 Walsh 函数的区别与联系，构成了一幅幅多彩的画卷。在本章论述过程中，每一个环节都是显而易见的，然而所描绘出的 Walsh 函数的全貌却呈现出一种朦胧的美。

尤其需要指出的是，Walsh 函数由于其既简单而又奇异的数学美，使它可以成为一个强有力的数学生长点。本章 1.4 节曾指出 Walsh 函数是一种分形。后文我们将看到，基于 Walsh 函数可以繁衍出许多重要的数学方法。

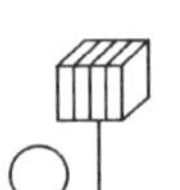

中篇 快速算法设计

第2章 快速 Walsh 变换

Walsh 变换在数据处理诸如信号处理、图像处理等领域有着广泛的应用。所谓 Walsh **变换** N-WT 是指

$$X(i) = \sum_{j=0}^{N-1} x(j)\boldsymbol{W}_N(i,j), \quad i = 0,1,\cdots,N-1 \tag{1}$$

式中 $\boldsymbol{W}_N(i,j)$为 N 阶 Walsh 方阵第 i 行第 j 列的元素,$\{x(j)\}_0^{N-1}$ 为输入数据,输出数据$\{X(i)\}_0^{N-1}$待求。仍然约定 $N=2^n$,n 为正整数。

上一章提供了三种排序方式的 Walsh 方阵:Walsh 阵、Paley 阵与 Hadamard 阵。不难证明,基于这三种 Walsh 方阵的 Walsh 变换(1)同它的逆变换在形式上仅仅**相差一个常数因子**,即有

$$x(j) = \frac{1}{N}\sum_{i=0}^{N-1} X(i)\boldsymbol{W}_N(i,j), \quad j = 0,1,\cdots,N-1$$

不同排序方式的 Walsh 变换,其快速算法的设计方法彼此类同。本章将侧重于考察 Hadamard 序的快速 Walsh 变换。

2.1 快速 Walsh 变换的设计思想

2.1.1 快速 Walsh 变换的演化机制

在具体设计快速 Walsh 变换之前,首先注意一个极其重要的事实。我们知道,1 阶与 2 阶 Walsh 方阵

$$\boldsymbol{W}_1=[1],\quad \boldsymbol{W}_2=\begin{bmatrix}1 & 1\\ 1 & -1\end{bmatrix}$$

与排序方式无关。考察相应的 Walsh 变换。显然,1-WT 具有极其简单的形式

$$X(0)=x(0)$$

这里输入数据即为所求结果,不需要做任何计算。而 2-WT 形如

$$\begin{cases}X(0)=x(0)+x(1)\\ X(1)=x(0)-x(1)\end{cases}$$

这项计算也很平凡,它不存在算法设计问题。

可见,1-WT 与 2-WT 都是极为简单的。

事实上,无论何种排序方式,其**快速 Walsh 变换的设计思想**都是一致的:**通过 2-WT(所谓二分手续)的反复计算,将所给 N-WT 的规模 N 逐次减半,最终加工成 N 个 1-WT,从而得出所求的结果。**

快速 Walsh 变换的演化过程是

$$N\text{-WT}\Rightarrow N/2\text{-WT}\Rightarrow N/4\text{-}WT\Rightarrow\cdots\Rightarrow 1\text{-WT}$$

这里箭头⇒表示某种二分手续,它是一种 2-WT。

快速 Walsh 变换的设计同样从属于二分演化模式(见图 11):

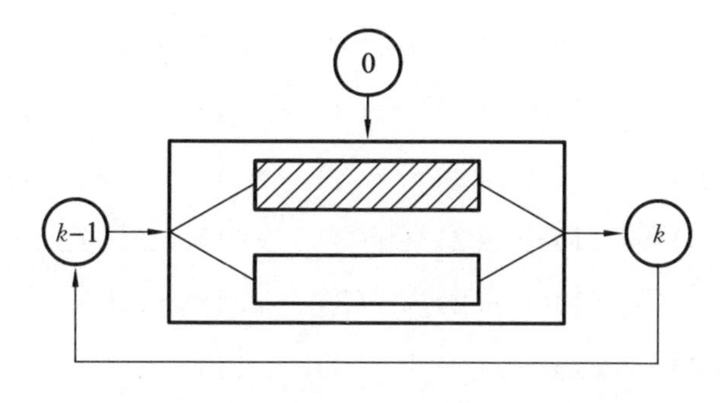

图 11　快速 Walsh 变换的二分演化机制

图 11 中符号⓪表示所给计算模型 N-WT，ⓚ表示演化 k 步后生成的新模型 $N/2^k$-WT。如图 11 表示，模型(k-1)通过手续“<”分裂成阴阳两种成分，这两种成分再通过手续“>”合成为新的模型ⓚ。一分一合的演化法则在图 11 中用方框框出。这一过程演化 $n=\log_2 N$ 步后结束。

2.1.2 快速 Hadamard 变换 FHT

对于不同排序方式的 Walsh 变换，其快速算法的设计思想是一致的，它们的设计方法也彼此类同。由于 Hadamard 阵最为简单，而且调序很容易，本章将着重讨论 Hadamard 序的 Walsh 变换，即所谓**变换** N-HT：

$$X(i)=\sum_{j=0}^{N-1}x(j)\boldsymbol{H}_N(i,j),\quad i=0,1,\cdots,N-1 \tag{2}$$

式中 $\boldsymbol{H}_N(i,j)$为 N 阶 Hadamard 阵的第 i 行第 j 列的元素。特别地，8-HT 具有如下形式：

$$\begin{cases}X(0)=x(0)+x(1)+x(2)+x(3)+x(4)+x(5)+x(6)+x(7)\\X(1)=x(0)-x(1)+x(2)-x(3)+x(4)-x(5)+x(6)-x(7)\\X(2)=x(0)+x(1)-x(2)-x(3)+x(4)+x(5)-x(6)-x(7)\\X(3)=x(0)-x(1)-x(2)+x(3)+x(4)-x(5)-x(6)+x(7)\\X(4)=x(0)+x(1)+x(2)+x(3)-x(4)-x(5)-x(6)-x(7)\\X(5)=x(0)-x(1)+x(2)-x(3)-x(4)+x(5)-x(6)+x(7)\\X(6)=x(0)+x(1)-x(2)-x(3)-x(4)-x(5)+x(6)+x(7)\\X(7)=x(0)-x(1)-x(2)+x(3)-x(4)+x(5)+x(6)-x(7)\end{cases} \tag{3}$$

其逆变换是

$$\begin{cases}
x(0)=\frac{1}{8}(X(0)+X(1)+X(2)+X(3)+X(4)+X(5)+X(6)+X(7)) \\
x(1)=\frac{1}{8}(X(0)-X(1)+X(2)-X(3)+X(4)-X(5)+X(6)-X(7)) \\
x(2)=\frac{1}{8}(X(0)+X(1)-X(2)-X(3)+X(4)+X(5)-X(6)-X(7)) \\
x(3)=\frac{1}{8}(X(0)-X(1)-X(2)+X(3)+X(4)-X(5)-X(6)+X(7)) \\
x(4)=\frac{1}{8}(X(0)+X(1)+X(2)+X(3)-X(4)-X(5)-X(6)-X(7)) \\
x(5)=\frac{1}{8}(X(0)-X(1)+X(2)-X(3)-X(4)+X(5)-X(6)+X(7)) \\
x(6)=\frac{1}{8}(X(0)+X(1)-X(2)-X(3)-X(4)-X(5)+X(6)+X(7)) \\
x(7)=\frac{1}{8}(X(0)-X(1)-X(2)+X(3)-X(4)+X(5)+X(6)-X(7))
\end{cases}$$

变换 N-HT(2)的变换矩阵为 Hadamard 阵。作为准备，首先来重温 Hadamard 阵的数学表达式。由上一章 1.4.3 节命题 4 知：

命题 7 Hadamard 阵有如下递推关系：

$$\boldsymbol{H}_0=[1]$$

$$\boldsymbol{H}_N=\begin{bmatrix}\boldsymbol{H}_{N/2} & \boldsymbol{H}_{N/2} \\ \boldsymbol{H}_{N/2} & -\boldsymbol{H}_{N/2}\end{bmatrix} \tag{4}$$

这个式子表明，如果将 Hadamard 阵 $\boldsymbol{H}_N$ 对分为 4 块，则其左上、右上及左下三块均为 $\boldsymbol{H}_{N/2}$，而右下块则为 $-\boldsymbol{H}_{N/2}$。由此得知(参看上一章 1.5.1 节命题 5)，其矩阵元素具有如下递推关系：

命题 8 对 $0\leqslant i,j\leqslant N/2-1$，有

$$\begin{aligned}\boldsymbol{H}_N(i,j)&=\boldsymbol{H}_N(i,N/2+j)=\boldsymbol{H}_N(N/2+i,j)\\&=-\boldsymbol{H}_N(N/2+i,N/2+j)=\boldsymbol{H}_{N/2}(i,j)\end{aligned}$$

设将序数 i,j 表示为二进制码

$$i=\sum_{r=0}^{n-1}i_r2^r=(i_{n-1}i_{n-2}\cdots i_0)$$

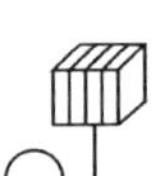

$$j = \sum_{r=0}^{n-1} j_r 2^r = (j_{n-1} j_{n-2} \cdots j_0)$$

则依命题 2 可进一步导出 Hadamard 阵的显式表达式(见上一章 1.5.1节命题 6):

命题 9

$$\boldsymbol{H}_N(i,j) = \prod_{r=0}^{n-1} (-1)^{i_r j_r}$$

令码位从高到低与从低往高顺序排列,分别有

$$\boldsymbol{H}_N(i,j) = (-1)^{i_{n-1} j_{n-1}} (-1)^{i_{n-2} j_{n-2}} \cdots (-1)^{i_0 j_0} \tag{5}$$

$$\boldsymbol{H}_N(i,j) = (-1)^{i_0 j_0} (-1)^{i_1 j_1} \cdots (-1)^{i_{n-1} j_{n-1}} \tag{6}$$

现在基于 Hadamard 阵的数学表达式着手设计快速 Hadamard 变换 FHT。

本章将推荐 FHT 的两种设计方法,即和式分裂法与序码展开法。两种方法各有所长:前者思路清晰,便于理解;后者算式明确,利于编程。

2.2 和式分裂法

2.2.1 FHT 的二分手续

本卷上篇曾反复指出,二分技术是快速算法设计的基本技术。二分技术的基本点是运用某种二分手续,将所给计算问题化为规模减半的同类问题。

对于变换 N-HT(2),即

$$X(i) = \sum_{j=0}^{N-1} x(j) \boldsymbol{H}_N(i,j), \quad i = 0,1,\cdots,N-1$$

设将其右端的和式**对半**拆开,对 $0 \leqslant i \leqslant N-1$,有

$$X(i) = \sum_{j=0}^{N/2-1} x(j) \boldsymbol{H}_N(i,j) + \sum_{j=N/2}^{N-1} x(j) \boldsymbol{H}_N(i,j)$$

$$= \sum_{j=0}^{N/2-1} [x(j)\boldsymbol{H}_N(i,j) + x(N/2+j)\boldsymbol{H}_N(i,N/2+j)]$$

然后再将这组算式**对半**分成两组算式，有

$$X(i) = \sum_{j=0}^{N/2-1} [x(j)\boldsymbol{H}_N(i,j) + x(N/2+j)\boldsymbol{H}_N(i,N/2+j)]$$

$$X(N/2+i) = \sum_{j=0}^{N/2-1} [x(j)\boldsymbol{H}_N(N/2+i,j) + x(N/2+j)\boldsymbol{H}_N(N/2+i,N/2+j)]$$

利用命题 8 的递推关系将上述算式化简，得

$$X(i) = \sum_{j=0}^{N/2-1} [x(j) + x(N/2+j)]\boldsymbol{H}_{N/2}(i,j)$$

$$X(N/2+i) = \sum_{j=0}^{N/2-1} [x(j) - x(N/2+j)]\boldsymbol{H}_{N/2}(N/2+i,j)$$

这样，所给 N-HT(2) 被加工成下列两个 $N/2$-HT：

$$X(i) = \sum_{j=0}^{N/2-1} x_1(j)\boldsymbol{H}_{N/2}(i,j),\quad i=0,1,\cdots,N/2-1$$

$$X(N/2+i) = \sum_{j=0}^{N/2-1} x_1(N/2+j)\boldsymbol{H}_{N/2}(N/2+i,j),\quad i=0,1,\cdots,N/2-1 \tag{7}$$

为此所要施行的二分手续是

$$\begin{cases} x_1(j)=x(j)+x(N/2+j), \\ x_1(N/2+j)=x(j)-x(N/2+j), \end{cases} \quad j=0,1,\cdots,N/2-1 \tag{8}$$

由此可见，只要施行二分手续(8)即可将所给 N-HT 加工成两个 $N/2$-HT。如此反复二分，使问题的规模逐次减半，最终可将所给 N-HT 加工成 N 个 1-HT，从而得出所求的结果。

这就是**快速** Hadamard **变换** FHT。FHT 显然从属于图 11 所示的二分演化模式。

统计 FHT **的运算量**：

由于 FHT 的每一步使问题的规模减半，欲将所给 N-HT，$N=2^n$

加工成 N 个 1-HT,二分演化需做 $n=\log_2 N$ 步,又形如式(8)的二分手续的每一步要做 N 次加减操作,因而 FHT 的总运算量为 $N\log_2 N$ 次加减操作。如果直接计算 N-HT 要做 N^2 次加减操作,故 FHT 是快速算法。

2.2.2 FHT **的计算流程**

二分手续(8)采取两两加工的处理方式,即将原先的一对数据加工成一对新的数据,分别称之为**迭前值**与**迭后值**。FHT 的二分手续采取如图 12 所示的计算格式。

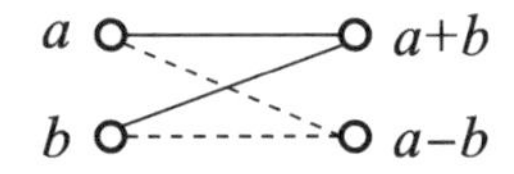

图 12 FHT 的计算格式

现在运用这一格式针对 8-HT(3)具体显示前述 FHT 的计算流程。

第 1 步,施行形如式(8)的二分手续:

$$x_1(0)=x(0)+x(4),\quad x_1(4)=x(0)-x(4)$$
$$x_1(1)=x(1)+x(5),\quad x_1(5)=x(1)-x(5)$$
$$x_1(2)=x(2)+x(6),\quad x_1(6)=x(2)-x(6)$$
$$x_1(3)=x(3)+x(7),\quad x_1(7)=x(3)-x(7)$$

将所给 8-HT 加工成两个 4-HT:

$$\begin{cases}X(0)=x_1(0)+x_1(1)+x_1(2)+x_1(3)\\X(1)=x_1(0)-x_1(1)+x_1(2)-x_1(3)\\X(2)=x_1(0)+x_1(1)-x_1(2)-x_1(3)\\X(3)=x_1(0)-x_1(1)-x_1(2)+x_1(3)\end{cases}$$

$$\begin{cases}X(4)=x_1(4)+x_1(5)+x_1(6)+x_1(7)\\X(5)=x_1(4)-x_1(5)+x_1(6)-x_1(7)\\X(6)=x_1(4)+x_1(5)-x_1(6)-x_1(7)\\X(7)=x_1(4)-x_1(5)-x_1(6)+x_1(7)\end{cases}$$

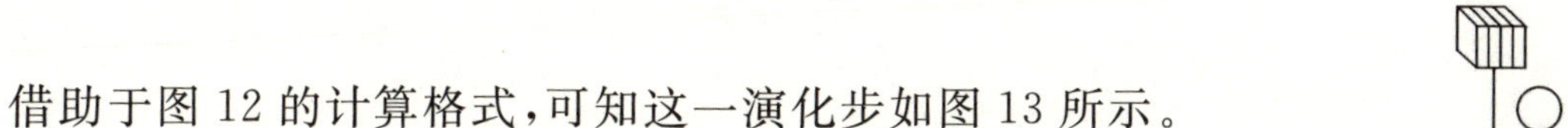

借助于图 12 的计算格式，可知这一演化步如图 13 所示。

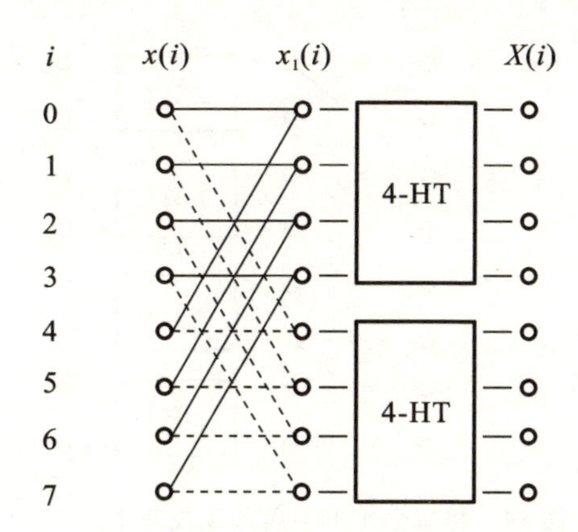

图 13　将 8-HT 加工成两个 4-HT

第 2 步，对上述 2 个 4-HT 继续施行二分手续：

$$x_2(0)=x_1(0)+x_1(2),\quad x_2(4)=x_1(4)+x_1(6)$$

$$x_2(1)=x_1(1)+x_1(3),\quad x_2(5)=x_1(5)+x_1(7)$$

$$x_2(2)=x_1(0)-x_1(2),\quad x_2(6)=x_1(4)-x_1(6)$$

$$x_2(3)=x_1(1)-x_1(3),\quad x_2(7)=x_1(5)-x_1(7)$$

进一步加工出关于数据 $\{x_2(i)\}$ 的 4 个 2-HT：

$$\begin{cases}X(0)=x_2(0)+x_2(1)\\X(1)=x_2(0)-x_2(1)\end{cases}\quad\begin{cases}X(4)=x_2(4)+x_2(5)\\X(5)=x_2(4)-x_2(5)\end{cases}$$

$$\begin{cases}X(2)=x_2(2)+x_2(3)\\X(3)=x_2(2)-x_2(3)\end{cases}\quad\begin{cases}X(6)=x_2(6)+x_2(7)\\X(7)=x_2(6)-x_2(7)\end{cases}$$

这一演化步如图 14 所示。

第 3 步，再对上述 4 个 2-HT 分别施行二分手续：

$$x_3(0)=x_2(0)+x_2(1),\quad x_3(4)=x_2(4)+x_2(5)$$

$$x_3(1)=x_2(0)-x_2(1),\quad x_3(5)=x_2(4)-x_2(5)$$

$$x_3(2)=x_2(2)+x_2(3),\quad x_3(6)=x_2(6)+x_2(7)$$

$$x_3(3)=x_2(2)-x_2(3),\quad x_3(7)=x_2(6)-x_2(7)$$

加工得出关于数据 $\{x_3(i)\}$ 的 8 个 1-HT，即得所求结果：

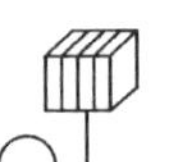

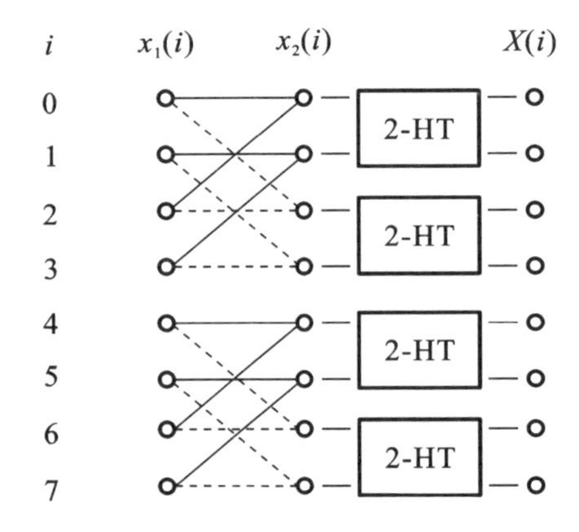

图 14　将每个 4-HT 再加工成两个 2-HT

$$X(0)=x_3(0),\quad X(4)=x_3(4)$$
$$X(1)=x_3(1),\quad X(5)=x_3(5)$$
$$X(2)=x_3(2),\quad X(6)=x_3(6)$$
$$X(3)=x_3(3),\quad X(7)=x_3(7)$$

这一演化步如图 15 所示。

上述算法 FHT,其计算模型与输入数据同步进行加工,在将计算模型从 8-HT 加工成 1-HT 的同时,输入数据$\{x(i)\}$被加工成输出结果$\{X(i)\}$。综合图 13、图 14 与图 15 即得 FHT 的数据加工流程图 16。

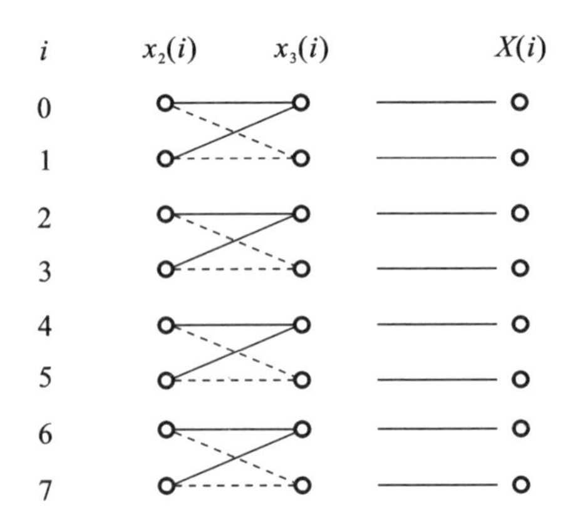

图 15　二分 3 步获得所求结果

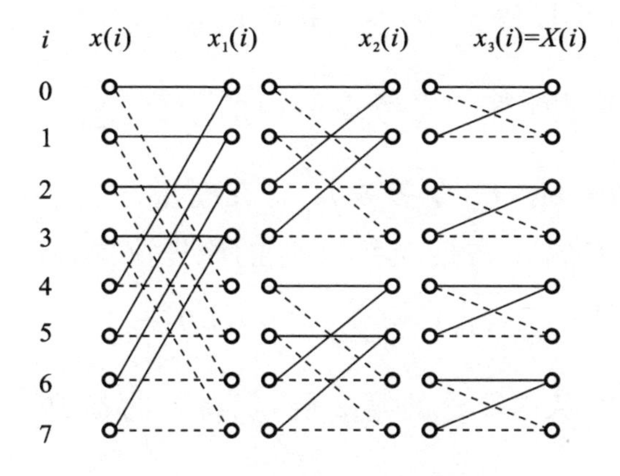

图 16 FHT 的数据加工流程图

2.3 序码展开法

2.3.1 FHT 的算法实现

现在具体设计 FHT。将会看到，依据 Hadamard 阵的显式表达式，所给计算模型 N-HT 具有多层嵌套结构，而逐层展开这种嵌套结构即可生成算法 FHT。

仍然先考察 8-HT(3)，即

$$X(i)=\sum_{j=0}^{7}x(j)\boldsymbol{H}_8(i,j),\quad i=0,1,\cdots,7$$

设将序数 i,j 表示为二进制码：

$$i=(i_2i_1i_0),\quad j=(j_2j_1j_0)$$

则据式(5)，有

$$\boldsymbol{H}_8(i_2i_1i_0,j_2j_1j_0)=(-1)^{i_2j_2}(-1)^{i_1j_1}(-1)^{i_0j_0}$$

因而式(3)可表示为如下嵌套结构：

$$X(i_2i_1i_0,j_2j_1j_0)=\sum_{j_0}\Big(\sum_{j_1}\Big(\sum_{j_2}x(j_2j_1j_0)(-1)^{i_2j_2}\Big)(-1)^{i_1j_1}\Big)(-1)^{i_0j_0}\tag{9}$$

式中 $\sum\limits_{j_r}$ 表示关于序码 $j_r=0,1$ 累加求和。

从内往外逐层计算。先考察最内的一层 $\sum\limits_{j_2} x(j_2j_1j_0)(-1)^{i_2j_2}$，它含有3个参数 i_2,j_1,j_0，令参数 j_0,j_1 在变量 $x(j_2j_1j_0)$ 中的位置保持不变，而将新的参数 i_2 占据老参数 j_2 的原先位置，有

$$x_1(i_2j_1j_0)=\sum_{j_2} x(j_2j_1j_0)(-1)^{i_2j_2} \tag{10}$$

进一步考察式(9)从内往外的第2层，仍将新的参数 i_1 占据老参数 j_1 的位置，而令

$$x_2(i_2i_1j_0)=\sum_{j_1} x_1(i_2j_1j_0)(-1)^{i_1j_1} \tag{11}$$

这样，按式(9)所求的结果为

$$X(i_2i_1i_0)=\sum_{j_0} x_2(i_2i_1j_0)(-1)^{i_0j_0} \tag{12}$$

综上所述，计算8-HT(3)有下列算法：依给定数据 $x(i_2i_1i_0)$ 执行算式(10)、(11)与(12)，则 $X(i_2i_1i_0)$ 即为所求。

再考察这一算法的流程图。式(10)的右端关于 $j_2=0,1$ 为对半二分，而其左端关于 $i_2=0,1$ 同样是对半二分，因此其迭前迭后全为对半二分。其余步骤类推。这说明，上述算法的流程图如图16所示，因而它正是上一节所设计的快速算法FHT。

进一步推广到 $N=2^n$ 的一般情形。考察 N-HT，即

$$X(i)=\sum_{j=0}^{N-1} x(j)\boldsymbol{H}_N(i,j),\quad i=0,1,\cdots,N-1$$

设将序数 $0\leqslant i,j\leqslant N-1$ 表示为二进制码的形式：

$$i=(i_{n-1}i_{n-2}\cdots i_0),\quad j=(j_{n-1}j_{n-2}\cdots j_0)$$

按式(5)，N-HT(2)可表示为如下形式的嵌套结构：

$$X(i_{n-1}i_{n-2}\cdots i_0)$$
$$=\sum_{\substack{j_{n-r}\\ r=1,2,\cdots,n}} x(j_{n-1}j_{n-2}\cdots j_0)\prod_{r=1,2,\cdots,n}(-1)^{i_{n-r}j_{n-r}}$$

$$= \sum_{j_0} \left(\cdots \left(\sum_{j_{n-2}} \left(\sum_{j_{n-1}} x(j_{n-1} j_{n-2} \cdots j_0)(-1)^{i_{n-1} j_{n-1}} \right) (-1)^{i_{n-2} j_{n-2}} \right) \cdots \right) (-1)^{i_0 j_0}$$

据此从内往外逐层计算，并依次用参数 $i_{n-1}, i_{n-2}, \cdots, i_0$ 取代相应的参数 $j_{n-1}, j_{n-2}, \cdots, j_0$，即可导出下列算法：[1]

算法 1　对 $r=1,2,\cdots$ 直到 $n=\log_2 N$ 计算

$$x_r(i_{n-1} \cdots i_{n-r} j_{n-r-1} \cdots j_0) = \sum_{j_{n-r}} x_{r-1}(i_{n-1} \cdots i_{n-r+1} j_{n-r} \cdots j_0)(-1)^{i_{n-r} j_{n-r}}$$

则 $X(i_{n-1} i_{n-2} \cdots i_0) = x_n(i_{n-1} i_{n-2} \cdots i_0)$ 即为所求。

2.3.2 FHT 的逆反形式

基于所设计出的算法 1，运用序码反演技术，可以演绎出多种形式的算法 FHT，它们各具特色，各有所长。

注意到算法 1 的基本特征是，它的迭前迭后均采取对半二分手续，而二分手续分对半二分与奇偶二分两种，算法 FHT 的迭前/迭后应有对半二分/对半二分、对半二分/奇偶二分、奇偶二分/奇偶二分与奇偶二分/对半二分四种方式。

再设计迭前为对半二分而迭后为奇偶二分的快速 Hadamard 变换 FHT。

仍然先考察 $N=8$ 的具体情形。按展开式(9)，即

$$X(i_2 i_1 i_0) = \sum_{j_0} \left(\sum_{j_1} \left(\sum_{j_2} x(j_2 j_1 j_0)(-1)^{i_2 j_2} \right) (-1)^{i_1 j_1} \right) (-1)^{i_0 j_0}$$

考察其最内一层的 $\sum_{j_2} x(j_2 j_1 j_0)(-1)^{i_2 j_2}$，为使迭后为奇偶二分，将新参数 i_2 置于末位，有 $x_1(j_1 j_0 i_2) = \sum_{j_2} x(j_2 j_1 j_0)(-1)^{i_2 j_2}$，依此类推，令

[1] 不言而喻，对于 FHT，自然取输入数据 $x(i_{n-1} i_{n-2} \cdots i_0)$ 作为迭代初值 $x_0(i_{n-1} i_{n-2} \cdots i_0)$。

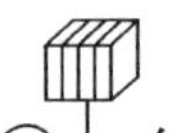

每一步出现的新参数均置于末位，有

$$x_2(j_0 i_2 i_1) = \sum_{j_1} x_1(j_1 j_0 i_2)(-1)^{i_1 j_1}$$

$$X(i_2 i_1 i_0) = \sum_{j_0} x_2(j_0 i_2 i_1)(-1)^{i_0 j_0}$$

这一算法的流程图如图 17 所示。

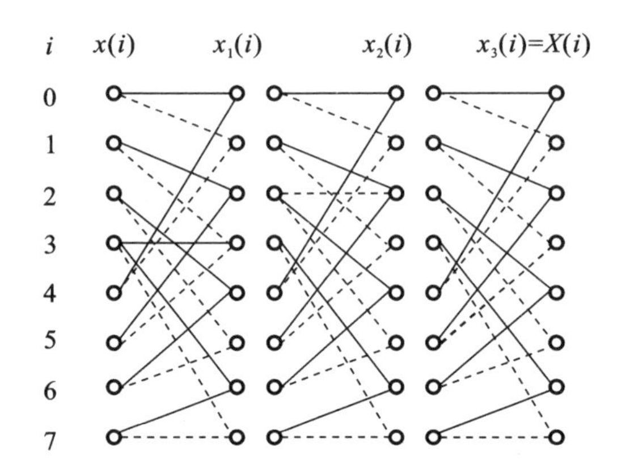

图 17　FHT(算法 2)的流程图

进一步地，可推广到 N-HT 的一般情形。

对于算法 1，迭代值 $x_r(i_{n-1}\cdots i_{n-r}j_{n-r-1}\cdots j_0)$ 的序码分前后两段，其中 i 码居前而 j 码居后，与此相反，若令 j 码居前而 i 码居后，则有下述 FHT 算法：

算法 2　对 $r=1,2,\cdots$ 直到 $n=\log_2 N$ 计算

$$x_r(j_{n-r-1}\cdots j_0 i_{n-1}\cdots i_{n-r}) = \sum_{j_{n-r}} x_{r-1}(j_{n-r}\cdots j_0 i_{n-1}\cdots i_{n-r+1})(-1)^{i_{n-r}j_{n-r}}$$

则 $X(i_{n-1}i_{n-2}\cdots i_0)=x_n(i_{n-1}i_{n-2}\cdots i_0)$ 即为所求。

比较图 16 与图 17 可以明显地看出，算法 1 与算法 2 两者风格迥然不同。算法 1 迭前迭后全为对半二分，这种算法可称作**对半二分法**。它的每一迭代步具有内在的对称性。与此不同，算法 2 迭前为对半二分而迭后则为奇偶二分，它的各个迭代步采取相同的加工手续，

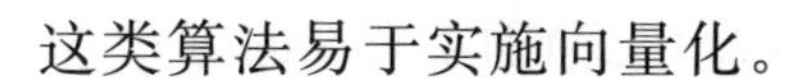
这类算法易于实施向量化。

上述两种 FHT 均基于 Hadamard 阵的展开式(5),如果改用展开式(6),重复类似的讨论,又可导出两种 FHT 算法。考虑到展开式(6)与(5)的码位排列次序相反,这两种 FHT 可视为算法 1 与算法 2 的反算法:

算法 3　对 $r=1,2,\cdots$ 直到 $n=\log_2 N$ 计算

$$x_r(j_{n-1}\cdots j_r i_{r-1}\cdots i_0)=\sum_{j_{r-1}} x_{r-1}(j_{n-1}\cdots j_{r-1} i_{r-2}\cdots i_0)(-1)^{i_{r-1}j_{r-1}}$$

则 $X(i_{n-1}i_{n-2}\cdots i_0)=x_n(i_{n-1}i_{n-2}\cdots i_0)$ 即为所求。

特别地,当 $N=8$ 时这一算法表现为

$$x_1(j_2 j_1 i_0)=\sum_{j_0} x(j_2 j_1 j_0)(-1)^{i_0 j_0}$$

$$x_2(j_2 i_1 i_0)=\sum_{j_1} x_1(j_2 j_1 i_0)(-1)^{i_1 j_1}$$

$$X(i_2 i_1 i_0)=\sum_{j_2} x_2(j_2 i_1 i_0)(-1)^{i_2 j_2}$$

其计算流程图如图 18 所示。

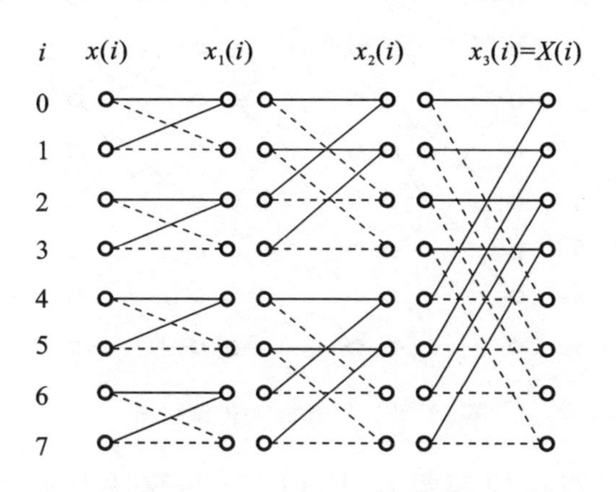

图 18　FHT(**算法 3**)**的流程图**

算法 3 的每一迭代步从奇偶二分到奇偶二分,因此可称作**奇偶二**

分法。比较算法 3 与算法 1 的流程图可以看出，它们两者的加工次序恰好相反，因此这两种 FHT 互为反算法。

此外，改变算法 3 的迭代值 $x_r(j_{n-1}\cdots j_r i_{r-1}\cdots i_0)$ 中 j 码与 i 码的相对位置，又可导出下列算法：

算法 4 对 $r=1,2,\cdots$ 直到 $n=\log_2 N$ 计算

$$x_r(i_{r-1}\cdots i_0 j_{n-1}\cdots j_r) = \sum_{j_{r-1}} x_{r-1}(i_{r-2}\cdots i_0 j_{n-1}\cdots j_{r-1})(-1)^{i_{r-1}j_{r-1}}$$

则 $X(i_{n-1}i_{n-2}\cdots i_0)=x_n(i_{n-1}i_{n-2}\cdots i_0)$ 即为所求。

特别地，当 $N=8$ 时这一算法表现为

$$x_1(i_0 j_2 j_1) = \sum_{j_0} x(j_2 j_1 j_0)(-1)^{i_0 j_0}$$

$$x_2(i_1 i_0 j_2) = \sum_{j_1} x_1(i_0 j_2 j_1)(-1)^{i_1 j_1}$$

$$X(i_2 i_1 i_0) = \sum_{j_2} x_2(i_1 i_0 j_2)(-1)^{i_2 j_2}$$

其计算流程图如图 19 所示。

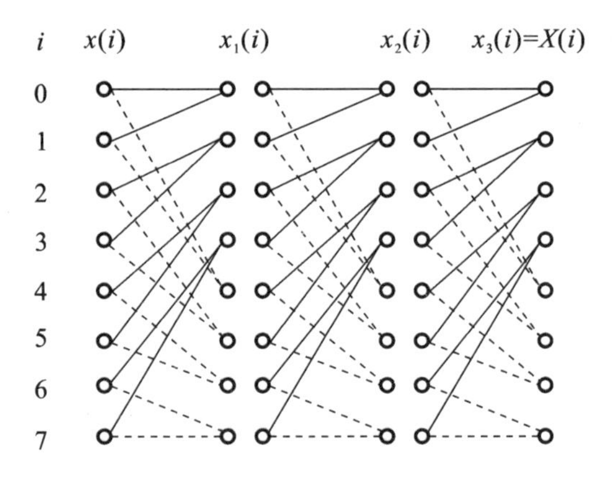

图 19 FHT(算法 4)的流程图

前面导出了四种快速算法 FHT，这些算法具有鲜明的对偶性。从作为算法基础的展开式来看，算法 1 与算法 2 基于展开式(5)，而算法 3 与算法 4 则基于展开式(6)，两种展开式的码位分别由高到低和

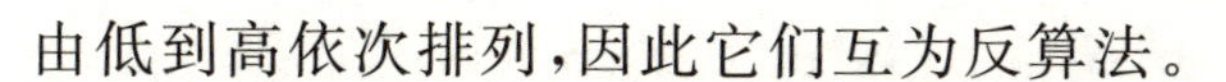
由低到高依次排列，因此它们互为反算法。

再从迭代值 x_r 内部布码方式来看，算法 1 与算法 4 的 i 码居前而 j 码居后；与此相反，算法 2 与算法 3 的 i 码居后而 j 码居前。在这种意义下两组算法具有逆反性。

此外，算法 1 与算法 3 迭前迭后的二分手续相同，这类格式称为蝶形的（参看下一节），而其余两种 FHT 是非蝶形的，其迭前迭后二分手续互异，如表 4 所示。

表 4　FHT 的二分手续

迭前	迭后	
	对半二分	奇偶二分
对半二分	算法 1	算法 2
奇偶二分	算法 4	算法 3

2.3.3　FHT 的蝶形格式

所谓**蝶形格式**，它们迭前迭后采取相同的二分手续，因而迭前值与迭后值的序数相一致，这时计算格式（见图 20 左侧）可简化为图 20 右侧的形式。

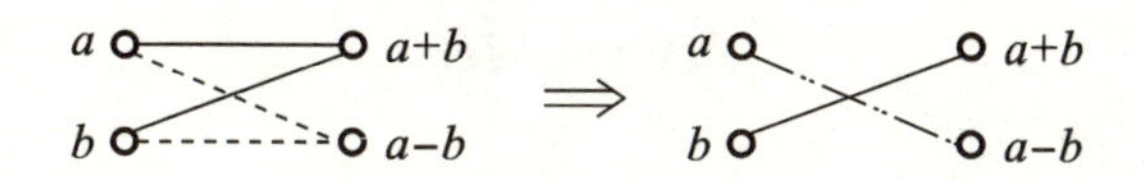

图 20　蝶形格式的简化图式

考察快速算法 FHT，其中算法 1 与算法 3 是蝶形的，它们迭前迭后的二分手续相同，分别是对半二分与奇偶二分。借助于简化图式可将这两种算法的图 16 与图 18 简约地表示为如图 21 与图 22 所示的形式。

对比图 22 与图 21 可以明显地看出，奇偶二分法的算法 3 与对半二分法的算法 1 互为反算法。如果调换输入与输出，这两种算法可以相互变通。

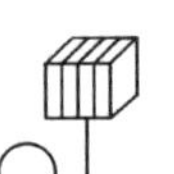

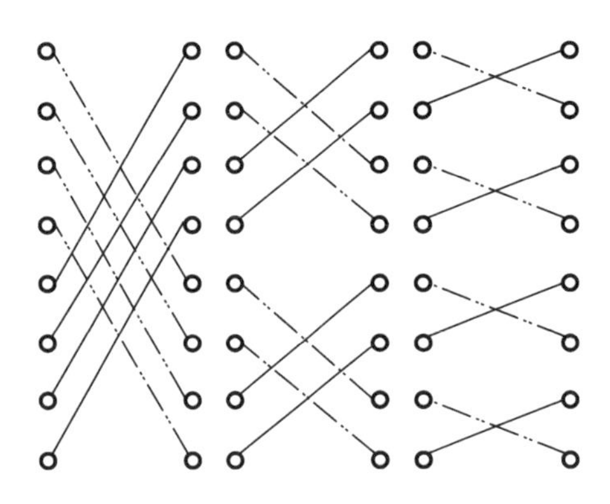

图 21　FHT(算法 1)的蝶形流程图

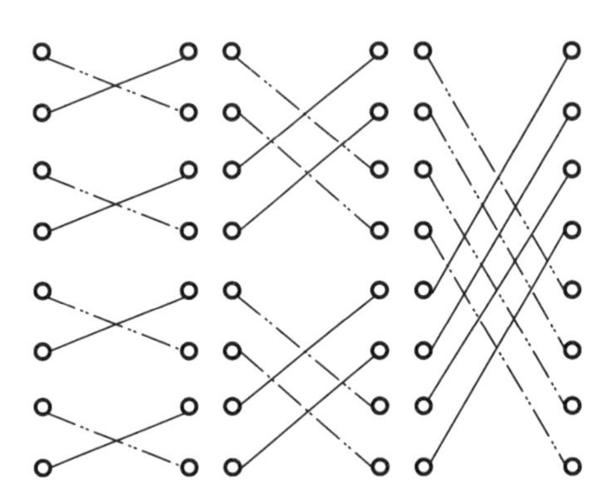

图 22　FHT(算法 3)的蝶形流程图

小　　结

本章阐述快速 Walsh 变换 FWT 的设计机理与设计方法。我们看到,FWT 本质上是一类二分法,其设计思想是,逐步二分所给计算模型 N-WT,令其规模 N 逐次减半,直到规模为 1 时,所归结出的 1-WT 即为所求的结果。计算模型的演化过程是

N-WT⇒2 个 $N/2$-WT⇒4 个 $N/4$-WT⇒…⇒N 个 1-WT

(计算模型)　　　　　　　　　　　　(计算结果)

注意到 N-WT 的变换矩阵是 Walsh 方阵,FWT 的设计过程本质上是 Walsh 方阵的加工过程

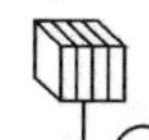

$$W_N \Rightarrow W_{N/2} \Rightarrow W_{N/4} \Rightarrow \cdots \Rightarrow W_1$$

再对比 Walsh 方阵的生成过程(参看第 1 章)

$$W_1 \Rightarrow W_2 \Rightarrow W_4 \Rightarrow \cdots \Rightarrow W_N$$

我们看到,**快速 Walsh 变换的演化过程与 Walsh 方阵的生成过程互为反过程。如果后者视为进化过程(规模逐步倍增),那么前者则是退化过程(规模逐次减半)**。

本章推荐了 FWT 的两种设计方法:基于 Walsh 方阵的递推表达式的和式分裂法,基于 Walsh 方阵显式表达式的序码展开法。这两种方法各有长处,前者机理清晰,而后者便于程序实现。

本章论述快速 Walsh 变换时着重考察了变换 N-HT 的快速算法 FHT,特别是基本 FHT 的算法 1。我们看到,形形色色的 FHT 均可通过算法 1 反演出来的,这种一生二,二生四……的设计方法是一种高效的算法设计技术。

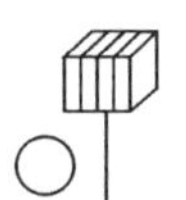

第3章　快速 Haar 变换

在实际应用中往往需要考察函数的局部性态，如信号的奇异性分析、图像的边缘检测等。所谓 Haar 演化正是为了适应这种需要而提出来的。按照 Haar 法则演化生成的函数仅在时基的某个局部为零，这时函数族所对应的矩阵为稀疏阵，数值处理比较方便。著名的 Haar 函数系，以及作为它的推广的所谓 Walsh-Haar 类，都是施行 Haar 演化的结果。

同前文 Walsh 演化一样，本章将借助于某种演化过程生成所要的函数系。我们感兴趣的是这样的演化机制，它所繁衍出的函数系不仅是正交的而且是完备的。二分演化能顺利地实现这一目标。

3.1　Haar 函数

3.1.1　Haar 波

在众多形形色色的函数中，方波 $R(x)=1, 0\leqslant x<1$ 自然是最简单的，然而这个函数过于平凡而显得“空虚”，其中似乎不含任何信息。**它数学地刻画了哲理上的“无”**。“波”的含义是波动、起伏。按照这样的理解，方波不能算作真正的“波”。名副其实的简单波形是 Haar 波 $H(x)$：

$$H(x)=\begin{cases}+1, & 0\leqslant x<\dfrac{1}{2}\\ -1, & \dfrac{1}{2}\leqslant x<1\end{cases}$$

Haar 波尽管很简单，但它的内涵却很深刻，它是**“万物负阴而抱阳”**一说的数学模型。Haar 波与方波都具有重要价值。

图 23　方波与 Haar 波的对峙

从对称性的角度看，方波与 Haar 波这两种简单波形是互反的：前者为镜像偶对称，而后者为奇对称；前者为平移正对称，而后者为反对称。在这种意义上，Haar 波与方波互为“反函数”。

值得强调指出的是，同 Walsh 函数一样，本章将要考察的函数系都是以方波与 Haar 波作为演化的根元，作为构成众多函数的基本元件。

不过，与 Walsh 函数不同，后文将要着重考察的函数是局部非零的，即仅在时基的某个局部取非零值，而在其他部分全为零。局部非零这种特性称为**紧支性**。取非零值的区域称作紧支函数的**支集**。

3.1.2　Haar 复制

我们仍基于二分集 E_N 进行考察（参看 1.2.1 节）。今后称 E_N 的某个子段上布 Haar **值** $\boldsymbol{H}=[+1\quad -1]$，如果该子段的前后两半分别取值 $+1$ 与 -1，而其他处则全置 0。

现在考虑的问题是，如何在二分集上布 Haar 值，以构成一个完备的正交函数系。

我们从 Haar 波 $H(x)$ 出发，运用二分演化机制（见图 24）演化生成所谓 Haar **函数组**，其第 n 组含有 $N=2^n$ 个函数，记为 $\hat{\boldsymbol{H}}_N$。特别地，初态 $\hat{\boldsymbol{H}}_1$ 即为 Haar 波 $\boldsymbol{H}(x)$。

Haar 函数组 $\hat{\boldsymbol{H}}_{N/2}\Rightarrow\hat{\boldsymbol{H}}_N$ 遵循下述 Haar **法则**：

> **法则 1**　（Haar 法则）
>
> **0 法则**　将 $\hat{\boldsymbol{H}}_{N/2}$ 压缩到支集的左侧，其余部分全置 0，生成 $\boldsymbol{H}(0)$；
>
> **1 法则**　将 $\hat{\boldsymbol{H}}_{N/2}$ 压缩到支集的右侧，其余部分全置 0，生成 $\boldsymbol{H}(1)$；
>
> **0-1 法则**　将 $\boldsymbol{H}(0)$ 与 $\boldsymbol{H}(1)$ 首尾接排，合成 $\hat{\boldsymbol{H}}_N$。

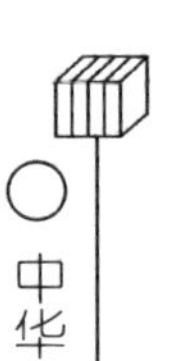

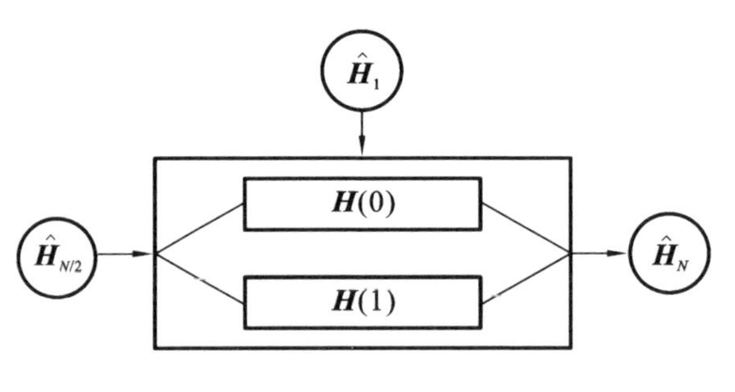

图 24　Haar 函数组的演化机制

从$\hat{\boldsymbol{H}}_1=\boldsymbol{H}(x)$出发按上述 Haar 法则反复演化，演化结果如图 25 所示。

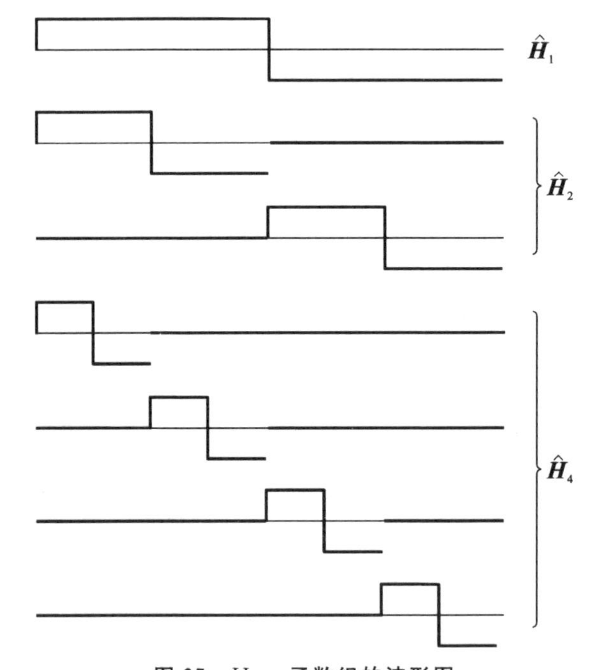

图 25　Haar 函数组的波形图

再用矩阵记号表达 Haar 函数组。由于$\hat{\boldsymbol{H}}_N$ 中每个函数在二分集的某个子段上布 Haar 值 $\boldsymbol{H}=[+\quad -]$，因此，$\hat{\boldsymbol{H}}_N$ 对应于元素为 $\boldsymbol{H}$ 的 N 阶对角阵，仍记为$\hat{\boldsymbol{H}}_N$，于是有

$$\hat{\boldsymbol{H}}_1=[\boldsymbol{H}]=[+\quad -]$$

$$\hat{\boldsymbol{H}}_2=\begin{bmatrix}\boldsymbol{H} & \\ & \boldsymbol{H}\end{bmatrix}=\begin{bmatrix}+ & - & & \\ & & + & -\end{bmatrix}$$

$$\hat{\boldsymbol{H}}_4=\begin{bmatrix}\boldsymbol{H} & & & \\ & \boldsymbol{H} & & \\ & & \boldsymbol{H} & \\ & & & \boldsymbol{H}\end{bmatrix}$$

这种复制方式称 Haar **复制**。Haar 复制有递推关系式

$$\hat{\boldsymbol{H}}_N=\begin{bmatrix}\hat{\boldsymbol{H}}_{N/2} & \\ & \hat{\boldsymbol{H}}_{N/2}\end{bmatrix}$$

3.1.3 Haar 方阵

Haar 函数组正交但不完备。

同 Walsh 函数一样，仍然取方波作为函数系的头一个元素，称为**首部**。将 Haar 函数组连同首部顺序排列，即得所谓 Haar **函数系**。Haar 函数系的前 $N=2^n$ 个函数称作其第 n 族，它可表示为二分集上的 N 阶方阵，称这一方阵为 Haar **方阵**，记为 $\boldsymbol{H}_N$[①]。特别地，前两个 Haar 方阵与 Walsh 方阵相同：

$$\boldsymbol{H}_1=\boldsymbol{W}_1=[+]$$

$$\boldsymbol{H}_2=\boldsymbol{W}_2=\begin{bmatrix}+ & + \\ + & -\end{bmatrix}$$

一般地，Haar 方阵 $\boldsymbol{H}_N$ 是 $\boldsymbol{H}_{N/2}$ 与 $\hat{\boldsymbol{H}}_{N/2}$ 的合成，譬如有

$$\boldsymbol{H}_4=\begin{bmatrix}+ & + & + & + \\ + & + & - & - \\ + & - & & \\ & & + & -\end{bmatrix}\begin{matrix}\left.\vphantom{\begin{matrix}+\\+\end{matrix}}\right\}\boldsymbol{H}_2 \\ \left.\vphantom{\begin{matrix}+\\+\end{matrix}}\right\}\hat{\boldsymbol{H}}_2\end{matrix}$$

---

① 与前文用“$\boldsymbol{H}$”表示 Hadamard 序不同，本章符号“$\boldsymbol{H}$”作为 Haar 函数的标志，相信不会引起混淆。

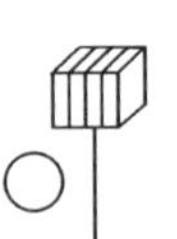

$$
\boldsymbol{H}_8=\begin{bmatrix}
+ & + & + & + & + & + & + & + \\
+ & + & + & + & - & - & - & - \\
+ & + & - & - & & & & \\
 & & & & + & + & - & - \\
+ & - & & & & & & \\
 & & + & - & & & & \\
 & & & & + & - & & \\
 & & & & & & + & -
\end{bmatrix}
\begin{matrix}
\left.\begin{matrix} \\ \\ \\ \\ \end{matrix}\right\}\boldsymbol{H}_4 \\
\left.\begin{matrix} \\ \\ \\ \\ \end{matrix}\right\}\hat{\boldsymbol{H}}_4
\end{matrix}
$$

下面给出第 3 族 Haar 函数 $\boldsymbol{H}_8$ 的波形(见图 26)。

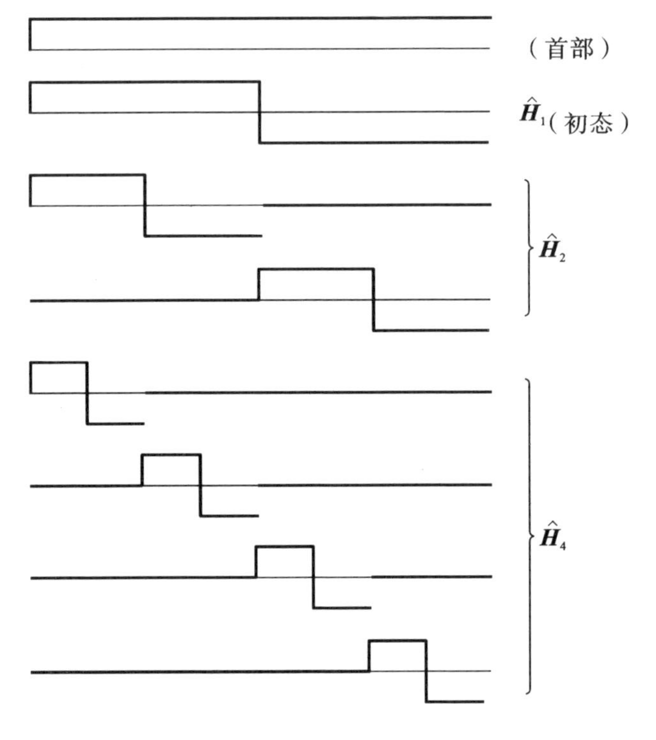

图 26 Haar 函数 $\boldsymbol{H}_8$ 的波形

我们看到,Haar 复制用紧支性替换了 Walsh 复制的对称性,其演化手续更为简便。不过据此付出的代价也很昂贵:与 Walsh 方阵不同,Haar 方阵 $\boldsymbol{H}_N$ 当 $N>2$ 时不对称。

需要强调指出的是,Haar 函数虽然形式简单,但它们却构成了平

方可积空间中完备的正交函数系。Haar 函数的正交性与完备性的证明可参看有关的数学专著。

3.2 Haar 变换的快速算法

考察以 Haar 方阵为变换矩阵的正交变换——Haar **变换** N-HT

$$X(i)=\sum_{j=0}^{N-1}x(j)\boldsymbol{H}_N(i,j),\quad i=0,1,\cdots,N-1$$

式中 $\boldsymbol{H}_N(i,j)$为 N 阶 Haar 方阵 $\boldsymbol{H}_N$ 第 i 行第 j 列的元素，阶数 $N=2^n$，n 为正整数。

需要提醒注意的是，由于 Haar 方阵不对称，因而 Haar 变换与它的逆变换的形式不同。

当 $N=8$ 时，Haar 方阵 $\boldsymbol{H}_8$ 前已给出，而 8-HT 具有如下形式：

$$\begin{cases}X(0)=x(0)+x(1)+x(2)+x(3)+x(4)+x(5)+x(6)+x(7)\\X(1)=x(0)+x(1)+x(2)+x(3)-x(4)-x(5)-x(6)-x(7)\\X(2)=x(0)+x(1)-x(2)-x(3)\\X(3)=x(4)+x(5)-x(6)-x(7)\\X(4)=x(0)-x(1)\\X(5)=x(2)-x(3)\\X(6)=x(4)-x(5)\\X(7)=x(6)-x(7)\end{cases}$$

这样，运用奇偶/对半二分手续：

$$x_1(0)=x(0)+x(1),\quad x_1(4)=x(0)-x(1)$$
$$x_1(1)=x(2)+x(3),\quad x_1(5)=x(2)-x(3)$$
$$x_1(2)=x(4)+x(5),\quad x_1(6)=x(4)-x(5)$$
$$x_1(3)=x(6)+x(7),\quad x_1(7)=x(6)-x(7)$$

可将所给 8-HT 加工成下列 4-HT：

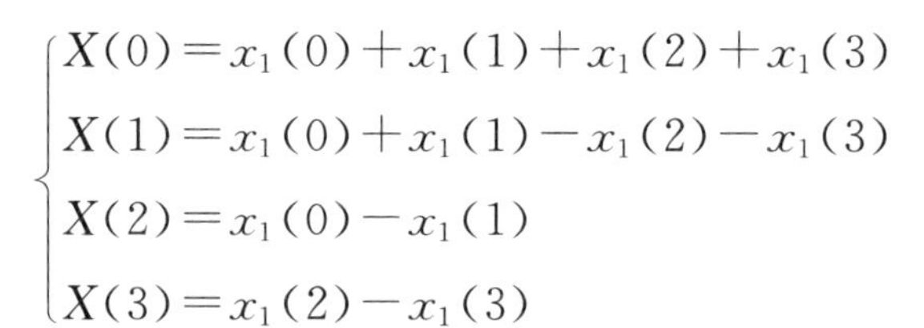

$$\begin{cases} X(0)=x_1(0)+x_1(1)+x_1(2)+x_1(3) \\ X(1)=x_1(0)+x_1(1)-x_1(2)-x_1(3) \\ X(2)=x_1(0)-x_1(1) \\ X(3)=x_1(2)-x_1(3) \end{cases}$$

同时获得 4 个结果：

$$X(4)=x_1(4),\quad X(5)=x_1(5)$$

$$X(6)=x_1(6),\quad X(7)=x_1(7)$$

这是一个规模减半的二分过程。继续这一过程，再施行奇偶/对半二分手续：

$$x_2(0)=x_1(0)+x_1(1),\quad x_2(2)=x_1(0)-x_1(1)$$

$$x_2(1)=x_1(2)+x_1(3),\quad x_2(3)=x_1(2)-x_1(3)$$

则又将上述 4-HT 进一步加工成 2-HT：

$$\begin{cases} X(0)=x_2(0)+x_2(1) \\ X(1)=x_2(0)-x_2(1) \end{cases}$$

同时获得 2 个结果：

$$X(2)=x_2(2),\quad X(3)=x_2(3)$$

最后，再由上述 2-HT 求出剩下的 2 个结果 $X(0)$，$X(1)$。计算完毕。

这就是计算 Haar 变换的快速算法 FHT。

我们看到，FHT 的运算手续分为两组，一组运用奇偶/对半二分手续将计算模型的规模减半，另一组直接获得部分所求结果，因此，其计算格式分为“数据加工”与“数据传递”两种形式，如图 27 所示。

图 27　FHT 的计算格式

借助于这一计算格式，FHT 的计算流程可表示为如图 28 所示的形式。

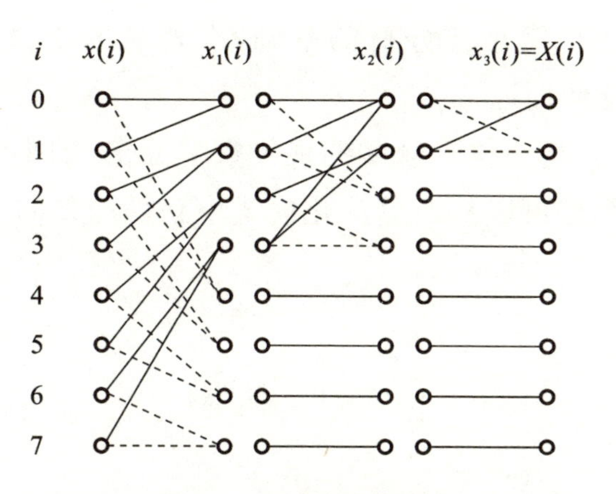

图 28　FHT 的计算流程

这一 FHT 通常称为 Andres **算法**。不难将这一算法推广到 N-HT的一般情形。显然,这种算法从属于二分演化模式。

小　结

数学很有点“神”。有些数学对象看起来极为平凡,极为简单,似乎没有考察的价值,但是,经过适当的数学处理,却能从中释放出大量的信息,甚至衍生出新的学科。

方波与 Haar 波正是这样的例子。

方波与 Haar 波是一对性态互反的孪生波形,它们的形态极为简单,因而往往令人不屑一顾,然而我们看到,经过二分演化,却生成了具有深刻内涵与广泛应用前景的 Walsh 函数和 Haar 函数。这里,简单与复杂的反差如此之大,不能不令人叹服二分演化机制的神奇。

方波与 Haar 波是怎样演化生成正交函数系的?我们着重考察了两种演化方式,一种是基于对称性复制的 Walsh 演化,一种是基于紧支性复制的 Haar 演化。对称性与紧支性是两种重要的数学特征。前者着重考察函数的整体特征,后者则着眼于刻画其局部特性。局部与整体是对立的统一。

Walsh 分析与 Haar 分析又是两个重要的数学生长点。众所周

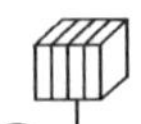

知,Haar 演化是当代小波分析的基础,而著名的小波包方法不过是 Walsh 演化的延伸而已。

万有相通,万物一体。众多的现代数学分支,如小波分析、分形几何、互连网络等,都可以从二分演化模式中获得深刻的启迪。

下篇 同步并行算法

第4章 并行计算引论

今天,计算机系统正面临深刻变革,传统的 von Neumann 格局已经被突破,采用并行化结构的并行机正日益普及,并且在科学与工程计算中正发挥越来越重要的作用。计算机系统结构的并行化蕴涵着提高运算速度和增加信息存储量的巨大潜力。计算机的更新换代展现出无限美好的前景。

新一代的计算机——并行机系统迫切要求提供算法上的支持。并行机与传统计算机的数据加工方式不同,因而传统算法往往不适于在并行机上运用。科学计算的实践表明,如果一个算法的并行性差,就会使并行机的效率大幅度下降,甚至从亿次机降为百万次机。

专家指出,并行算法的设计与并行机的研制具有同等重要性。正如一位著名学者所尖锐指出的:没有好的并行算法的支撑,超级计算机只是一堆"超级废铁"。

计算机发展的并行化趋势,必然会促使算法设计的并行化。随着并行机系统的日益普及,学习和研究适应并行机系统的并行算法,已是科学计算工作者的当务之急。

4.1 什么是并行计算

4.1.1 一则寓言故事

20 世纪 80 年代初国产银河巨型机问世,国内掀起一股并行算法热。究竟什么是并行计算呢?这里先讲一个生动的寓言故事。

相传很久很久以前,有一个年轻的国王名叫川行,他是个数学天才。川行爱上了邻国聪颖美丽并且爱好数学的公主邱比郑南。

川行差人前往邻国求婚。公主答应了这桩婚事,但提出了一项先决条件,她要亲自考核一下川行的数学才能。公主的考题是,针对一个15位数求出它的真因子。

接到试题之后,川行立即忙碌起来,一个数接着一个数地试算。川行有数学天赋,算得很快,然而由于15位数的真因子可能是个8位数,找出全部真因子要花费上亿次整数除法,总的计算量大得惊人。

川行感到很为难。这是一道"大数分解"的数学难题,如何才能尽快地找出它的答案呢?

川行有个足智多谋的宰相名叫孔幻士。孔幻士提出了一个计谋:将全国老百姓按军、师、团、营、连、排、班、兵8个等级编号,每10个兵组成1班,10个班为1排,10个排为1连……10个师为1军,10个军全归川行统帅。这样,在编的每个老百姓都有一个8位整数的编号。完成这种编制以后,通知全国老百姓用自己的编号去除公主给出的15位数,能除尽的立即上报,给予重奖。这样很快找出了所有的真因子,而川行则依靠全国老百姓的帮助赢得了公主的爱情。

这则寓言浅显易懂,但意味深长。公主"邱比郑南"是"求比证难"的谐音。大数分解问题的可解性不言而喻,但具体求解却很困难。国王"川行"是"串行"的谐音。串行计算的速度很慢,往往不能承担大规模的计算工程。宰相"孔幻士"则是"空换时"的谐音,其含义是,并行计算的设计思想是用扩大空间、增加处理机台数为代价来换取计算时间的节省。"空换时"是并行计算的基本策略。

这则故事所涉及的**大数分解问题**有重大的学术价值,求解这类问题的计算量随着"大数"的增大而急剧增加。譬如,计算一个155位数的真因子,如果用串行算法进行计算,即使每秒亿次的巨型机去承担,也得要连续工作上万年。当然这是没有实际意义的。1990年6月20日美国报道了一则消息:贝尔实验室用1000台处理机并行计算,仅仅花费了几个月的时间，就成功地找出一个155位数的3个真因子，它们分别是7位数、49位数和99位数。这是科学计算的一项重大突破。当年我国《科技日报》评价这项成就为“1990年世界十大科技成就之一”。

4.1.2 同步并行算法的设计策略

采取并行处理方式运行的计算机系统称作**并行机系统**，简称**并行机**。

并行机出现于20世纪70年代初，至今有近50余年的历史。1972年，美国研制成功阵列机Illiac IV，此后于1976年又进一步研制出向量机Cray-1。并行机的更新换代和商品化开发强有力地推动了并行计算的蓬勃发展。

并行机的体系结构各不相同，但大致可分为两类：一类是**单指令流多数据流**SIMD(single instruction stream，multiple data stream)型，如阵列机、向量机；另一类是**多指令流多数据流**MIMD(multiple instruction stream，multiple data stream)型，称作多处理机。

针对SIMD与MIMD两类并行机系统，并行算法大致分为同步与异步两类。下面仅研究**同步并行算法**。

所谓**同步性**，是指不同处理机在同一时刻针对不同数据执行同一种操作。同步并行计算的典型例子是向量计算。

同步并行计算的基本策略是“分而治之”。所谓分而治之，就是将所考察的计算问题分裂成若干较小的子问题，并将这些子问题映射到多台处理机上去各自完成，然后再将分散的结果拼装成所求的解。

值得指出的是，在设计同步并行算法时，“分而治之”的设计原则往往被误解为整体上的先分后治，而将“分”与“治”两个环节截然分开。这种算法设计技术即所谓倍增技术。

其实，在并行计算过程中，“分”与“治”是矛盾的两个方面，它们既是对立的，又是统一的。基于这种理解我们推荐了同步并行算法设计

的二分技术。

需要强调的是，为避免局限于具体的机器特征而束缚了并行算法的研究，人们提出了**理想计算机**的概念。“理想化”的假设包括：任何时刻可以使用任意多台处理机，任何时刻有任意多个主存单元可供使用，处理机同主存间的数据通信时间可以忽略不计。

4.2 叠加计算

叠加计算是一类最简单、最基本的计算模型。本章所研究的叠加计算包括数列求和

$$S=\sum_{i=0}^{N-1}a_i \tag{13}$$

与多项式求值

$$P=\sum_{i=0}^{N-1}a_ix^i \tag{14}$$

上述两种叠加计算模型之间有着紧密的关系。事实上，式(13)是式(14)取 $x=1$ 的特殊情形。

在着手具体设计算法之前，首先引进问题规模的概念。所谓**规模**是用来刻画问题“大小”的某个正整数，譬如，上述叠加计算问题的规模均可规定为它们的项数 N。

不言而喻，并行计算所要求解的问题，其重要特点是规模很大，即为**大规模或超大规模的科学计算**。为简化叙述，今后将假定计算问题的**规模 N 为 2 的幂**

$$N=2^n$$

式中，$n=\log_2 N$ 是正整数。这种限制通常是非实质性的，譬如，对于上述两种叠加计算，只要适当地补充几个零系数 a_i，总可以将规模 N 扩充为 $N=2^n$ 的形式。后文将会看到，这种扩充对于算法运行时间的影响几乎可以忽略不计。本书所考察的其他计算问题也可作类似的处理。

4.2.1 倍增技术

许多学者认为，**倍增技术**是设计同步并行算法的一项基本技术。这项设计技术反复地将计算问题**分裂**成具有同等规模的两个**子问题**。在问题逐步分裂的过程中，子问题的个数是逐步倍增的，倍增法因此而得名。

倍增法的设计基于这样的考虑，如果将各个子问题适当地映射到多台处理机上，即可实现计算过程的并行化。

现在就用简单的数列求和问题（见式(13)）来考察倍增技术的设计原理和设计方法。为此，引进和式

$$S(i,j)=\sum_{k=j}^{i} a_k$$

显然，问题（见式(13)）的已给数据与所求结果均可用这种和式来表达：

$$a_i=S(i,i),\quad i=0,1,\cdots,N-1$$
$$S=S(N-1,0)$$

倍增法的设计过程含分裂与合成两个环节。**分裂过程**将所给和式 $S(N-1,0)$ 逐步“一分为二”，从而拆成若干个子和式。这种分裂过程的特点是，子和式的个数是逐步倍增的。

$$\begin{aligned}&S(N-1,0)\\&=S\left(N-1,\frac{N}{2}\right)+S\left(\frac{N}{2}-1,0\right)\\&=S\left(N-1,\frac{3}{4}N\right)+S\left(\frac{3}{4}N-1,\frac{N}{2}\right)+S\left(\frac{N}{2}-1,\frac{N}{4}\right)+S\left(\frac{N}{4}-1,0\right)\\&=\cdots\end{aligned}$$

由于在和式二分的上述过程中，每个子和式的项数逐次减半，因而最终可拆成每段仅含两项的最简形式：

$$S(N-1,0)=S(N-1,N-2)+S(N-3,N-4)+\cdots+S(1,0)$$

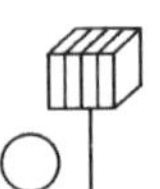

取 $N=8$,图 29 **自顶向下**地描述了倍增法的分裂过程。

<table>
<tr><td colspan="8">S(7,0)</td></tr>
<tr><td colspan="4">S(3,0)</td><td colspan="4">S(7,4)</td></tr>
<tr><td colspan="2">S(1,0)</td><td colspan="2">S(3,2)</td><td colspan="2">S(5,4)</td><td colspan="2">S(7,6)</td></tr>
<tr><td>S(0,0)</td><td>S(1,1)</td><td>S(2,2)</td><td>S(3,3)</td><td>S(4,4)</td><td>S(5,5)</td><td>S(6,6)</td><td>S(7,7)</td></tr>
</table>

分裂过程 ↓

图 29　倍增法自顶向下的分裂过程

将所给和式拆成若干个子和式后,可将这些子和式分配给各台处理机去并行计算。问题在于,基于这些子和式的计算,如何得出所求的结果呢?

倍增法的**合成过程**是将所拆出的各个子和式的值再逐步“合二为一”,最后归并出所给和式的值。这种归并过程的特点是中间结果逐次减半。图 30 **自底向上**地描述了倍增法的合成过程。

<table>
<tr><td colspan="8">S(7,0)</td></tr>
<tr><td colspan="4">S(3,0)</td><td colspan="4">S(7,4)</td></tr>
<tr><td colspan="2">S(1,0)</td><td colspan="2">S(3,2)</td><td colspan="2">S(5,4)</td><td colspan="2">S(7,6)</td></tr>
<tr><td>S(0,0)</td><td>S(1,1)</td><td>S(2,2)</td><td>S(3,3)</td><td>S(4,4)</td><td>S(5,5)</td><td>S(6,6)</td><td>S(7,7)</td></tr>
</table>

合成过程 ↑

图 30　倍增法自底向上的合成过程

现在列出倍增法合成过程的算法步骤(见图 30)。

倍增法的第 1 步利用所给的 N 个数据(它们均可视为一项和式)$a_i=S(i,i)$求出 2 项和式的值,而得出 $N_1=N/2$ 个中间结果:

$$S(2i+1,2i)=S(2i+1,2i+1)+S(2i,2i),\quad i=0,1,\cdots,N_1-1$$

第 2 步再用两项和式求出 4 项和式的值,而有 $N_2=N/4$ 个中间结果:

$$S(4i+3,4i)=S(4i+3,4i+2)+S(4i+1,4i),\quad i=0,1,\cdots,N_2-1$$

保持和式项数逐步倍增,而数据量则为逐次减半这个特征,其第 k 步所承担的工作是,用 2^{k-1} 项和式求出 2^k 项和式的值,从而得出 $N_k=N/2^k$ 个中间结果:

$$S(2^ki+2^k-1,2^ki)=S(2^ki+2^k-1,2^ki+2^{k-1})+S(2^ki+2^{k-1}-1,2^ki),\quad i=0,1,\cdots,N_k-1 \tag{15}$$

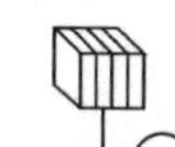

如此做 $n=\log_2 N$ 步即可得出所求的和值：

$$S(N-1,0)=S(N-1,N_1)+S(N_1-1,0)$$

综上所述，数列求和式(13)的倍增法可表述为

算法 5 对 $k=1,2,\cdots$ 直到 $n=\log_2 N$ 执行算式(15)，则所求的和值为 $S=S(N-1,0)$。

倍增法的分裂过程反复将和式一分为二，在这一过程中，子和式的个数是逐步倍增的；与此相反，其合成过程反复将数据合二为一，在合成过程中，数据量则为逐次减半。正是由于倍增法的分裂过程与合成过程相对峙，这种技术不便于实际运用。

4.2.2 二分手续

为使并行算法设计的原理与方法变得简单而和谐，这里推荐一种设计技术——二分技术。

二分技术的设计原理是，反复地将所给计算问题加工成规模减半的同类问题，直到规模足够小(通常当规模为 1)时直接得出问题的解。

需要强调的是，与倍增技术不同，二分技术不是着眼于问题的分裂，而是立足于问题的加工。今后所说的二分手续，是指将问题规模减半的加工手续。

譬如，对于 N 项和式

$$S=\sum_{i=0}^{N-1} a_i$$

若将其前后对应项两两合并，即可加工成一个规模减半的 $N_1=N/2$ 项和式：

$$S=(a_0+a_{N-1})+(a_1+a_{N-2})+\cdots+(a_{N/2-1}+a_{N/2})$$

这种二分手续联系着大数学家 Gauss 幼年时代的一个小故事。

有一天，算术课老师要求小学生们计算前 100 个自然数的和 $S=$

$1+2+\cdots+99+100$。当班上其他同学忙于逐项累加而弄得头昏脑涨时，小 Gauss 却机智地发现，所给和式前后对应项的和均等于 101，因而所求和值为 $S=101\times50=5050$。这种简捷的快速算法可以视作二分手续的巧妙应用。

4.2.3 数列求和的二分法

再考察所给和式(13)，容易看出，如果将其奇偶项两两合并，即可使其规模变成 $N_1=N/2$，即

$$S=\sum_{i=0}^{N_1-1}(a_{2i}+a_{2i+1})=\sum_{i=0}^{N_1-1}a_i^{(1)}$$

为此所要施行的运算手续是

$$a_i^{(1)}=a_{2i}+a_{2i+1},\quad i=0,1,\cdots,N_1-1$$

注意到这样加工出的求和问题

$$S=\sum_{i=0}^{N_1-1}a_i^{(1)}$$

与所给问题(13)属于同一类型，所不同的只是规模缩减了一半，因此上述加工手续是一种二分手续。

反复施行二分手续，二分 k 次后和式的项数压缩成 $N_k=N/2^k$，即

$$S=\sum_{i=0}^{N_k-1}a_i^{(k)}$$

式中

$$a_i^{(k)}=a_{2i}^{(k-1)}+a_{2i+1}^{(k-1)},\quad i=0,1,\cdots,N_k-1 \tag{16}$$

这样二分 $n=\log_2 N$ 次后，所给和式最终退化为一项，从而直接得出所求的和值 S。于是有数列求和问题(13)的二分算法：

> **算法 6** 对 $k=1,2,\cdots$ 直到 $n=\log_2 N$ 执行算式(16)，结果有
>
> $$S=a_0^{(n)}$$

这一算法显然可以向量化。事实上，算式(16)可以表示为向量形

式：

$$\begin{bmatrix} a_0^{(k)} \\ a_1^{(k)} \\ \vdots \\ a_{N_k-1}^{(k)} \end{bmatrix} = \begin{bmatrix} a_0^{(k-1)} \\ a_2^{(k-1)} \\ \vdots \\ a_{N_{k-1}-2}^{(k-1)} \end{bmatrix} + \begin{bmatrix} a_1^{(k-1)} \\ a_3^{(k-1)} \\ \vdots \\ a_{N_{k-1}-1}^{(k-1)} \end{bmatrix}$$

取 $N=8$，图 31 **自底向上**地描述了二分法的计算过程。这一过程与倍增法的合成过程（见图 30）是一致的，比较两者可以明显地看出，二分法比倍增法简洁而明晰。

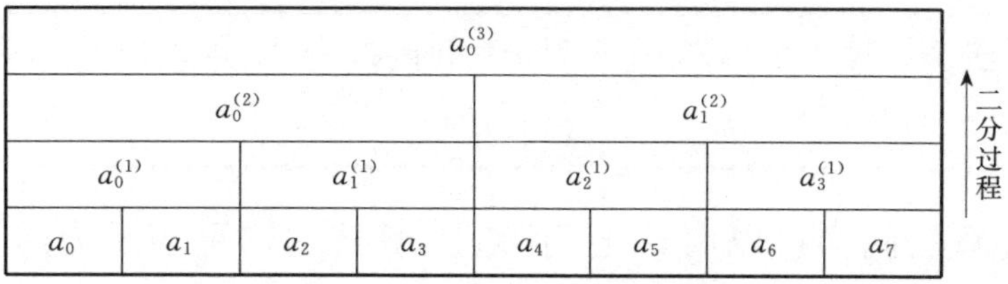

<table>
<tr><td colspan="8">$a_0^{(3)}$</td></tr>
<tr><td colspan="4">$a_0^{(2)}$</td><td colspan="4">$a_1^{(2)}$</td></tr>
<tr><td colspan="2">$a_0^{(1)}$</td><td colspan="2">$a_1^{(1)}$</td><td colspan="2">$a_2^{(1)}$</td><td colspan="2">$a_3^{(1)}$</td></tr>
<tr><td>a_0</td><td>a_1</td><td>a_2</td><td>a_3</td><td>a_4</td><td>a_5</td><td>a_6</td><td>a_7</td></tr>
</table>

二分过程 ↑

图 31　二分法自底向上的计算过程

4.2.4　多项式求值的二分法

进一步讨论多项式求值问题。仿照数列求和的做法，将所给多项式(14)的奇偶项两两合并，得

$$P = \sum_{i=0}^{N_1-1} (a_{2i} + a_{2i+1}x)x^{2i}$$

这样，若令

$$\begin{cases} a_i^{(1)} = a_{2i} + a_{2i+1}x, & i=0,1,\cdots,N_1-1 \\ x_1 = x^2 \end{cases}$$

则有

$$P = \sum_{i=0}^{N_1-1} a_i^{(1)} x_1^i$$

这样加工得出的是一个以 x_1 为变元的多项式，它与所给多项式(14)的类型相同，只是规模压缩了一半，因此上述手续是一项二分手续。

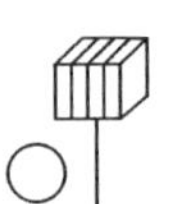

重复这种手续，二分 k 次后所给多项式被加工成

$$P=\sum_{i=0}^{N_k-1}a_i^{(k)}x_k^i$$

这里

$$\begin{cases}a_i^{(k)}=a_{2i}^{(k-1)}+a_{2i+1}^{(k-1)}x_{k-1}, \quad i=0,1,\cdots,N_k-1 \\ x_k=x_{k-1}^2\end{cases} \tag{17}$$

这样二分 $n=\log_2 N$ 次，最终得出的系数 $a_0^{(n)}$ 即为所求多项式的值 P。于是，多项式求值问题(14)有下列二分算法：

算法 7 对 $k=1,2,\cdots$ 直到 $n=\log_2 N$ 执行算式(17)，结果有

$$P=a_0^{(n)}$$

上述算法同样可以向量化，事实上，算式(17)可表示为向量形式：

$$\begin{bmatrix}a_0^{(k)}\\a_1^{(k)}\\\vdots\\a_{N_k-1}^{(k)}\\x_k\end{bmatrix}=\begin{bmatrix}a_0^{(k-1)}\\a_2^{(k-1)}\\\vdots\\a_{N_{k-1}-2}^{(k-1)}\\0\end{bmatrix}+\begin{bmatrix}a_1^{(k-1)}\\a_3^{(k-1)}\\\vdots\\a_{N_{k-1}-1}^{(k-1)}\\x_{k-1}\end{bmatrix}\cdot x_{k-1}$$

4.2.5 二分算法的效能分析

评价一种并行算法，人们首先关心的是它的算法复杂性，即算法的运行时间(时间复杂性)与所要提供的处理机台数(空间复杂性)。并行算法设计的基本思想是用增加处理机台数的办法来换取算法运行时间的节省。处理机台数充分多时的最少运行时间称作算法的**时间界**，而算法的运行时间达到时间界时所需提供的(最少的)处理机台数则称作**处理机台数界**。

为简化分析，今后将假定每台处理机的算术运算(无论是加减还是乘除)的操作时间相同，均取单位时间。这样，在估算算法的运行时

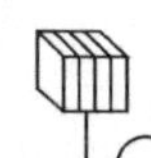

间时，只要统计各并行步的运算次数即可。

对于所考察的某个并行算法，记 T^* 为算法的时间界，P^* 为处理机台数界，另记 T_1 为串行算法的运行时间，将

$$S=\frac{T_1}{T^*}$$

称作该并行算法的**加速比**，而将

$$E=\frac{T_1}{P^* T^*}$$

称作其**效率**。

加速比与效率是评估一种并行算法的“得”与“失”的两项重要指标。加速比 S 表示该并行算法在运行时间方面的节省；注意到 $P^* T^*$ 表示并行算法的总计算量，而 T_1 则表示串行算法的计算量，因而效率 E 刻画了该并行算法在计算量方面的损耗。

现在分析前述几种二分算法的时间界与处理机台数界。

首先考察数列求和的二分算法——算法 6。将式(16)的各个系数 $a_i^{(k)}$ 并行计算，则其每一步含一次运算(加法)，故其时间界

$$T^*=n=\log_2 N$$

然而，为使每个 $a_i^{(k)}$ 能并行计算，第 k 步按式(16)需提供 $N_k=N/2^k$ 台处理机，因此算法 6 的处理机台数界

$$P^*=\max_{1\leqslant k\leqslant n}\frac{N}{2^k}=\frac{N}{2}$$

注意到数列求和问题(13)的串行算法的运行时间 $T_1=N-1$，算法 6 的加速比

$$S\approx\frac{N}{\log_2 N}$$

而其效率

$$E\approx\frac{2}{\log_2 N}$$

不难看出，上述并行求和的二分法是最优的，即其时间界为最小。

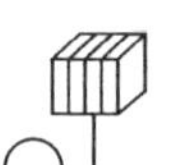

再分析多项式求值的二分算法——算法 7。首先注意一个事实：算式(17)中的 x_k 可与 $a_i^{(k)}$ 并行计算，为此只要将式 $x_k=x_{k-1}^2$ 改写成

$$x_k=0+x_{k-1}\cdot x_{k-1}$$

的形式。这样，算法 7 的每一步需做 2 次运算(一次乘法与一次加法)，因而其时间界

$$T^*=2\log_2 N$$

此外，为使 $a_i^{(k)}$ 与 x_k 按式(17)并行计算，第 k 步需处理机 $N/2^k$ 台，因此算法 7 的处理机台数界

$$P^*=\max_{1\leqslant n\leqslant k}\frac{N}{2^k}=\frac{N}{2}$$

因多项式求值的串行算法(秦九韶-Horner 算法)需做 $T_1=2(N-1)$ 次运算，易知算法 7 的加速比及效率均与算法 6 相同，仍为

$$S\approx\frac{N}{\log_2 N},\quad E\approx\frac{2}{\log_2 N}$$

4.2.6 二分算法的基本特征

本节从最简单的计算模型——叠加计算入手，考察了并行计算的二分算法的基本特征。

在设计原理上，并行的二分算法与串行的递推算法，两者的设计过程都是计算规模不断缩减的过程，其区别在于，串行递推算法的规模逐次减 1，而并行二分算法的规模则逐次减半，例如累加求和串行递推算法的加工过程为

N 项和式→$N-1$ 项和式→$N-2$ 项和式→…→1 项和式

而并行二分求和算法的加工过程是

N 项和式⇒$N/2$ 项和式⇒$N/4$ 项和式⇒…⇒1 项和式

可见，串行算法与并行算法的设计思想是一脉相承的，后者可以看作是前者的改进与优化。

从算法的结构来看，并行的二分算法与串行的递推算法均具有递归结构，即将复杂计算归结为简单计算的重复。譬如数列求和计算，是将多项求和归结为简单的二项求和的重复，而多项式求值是将高次式求值归结为简单的一次式求值的重复，等等。这里串行算法中所谓的“重复”意味着循环；而并行算法的特点在于，其“重复”综合采取了串行与并行两种处理方式。

从算法效能的角度来看，串行算法与并行算法各有所长，前者拥有高效率，而后者则具有高速度。不过，并行算法的高速度是以处理机台数的增加和计算效率的降低为代价的。

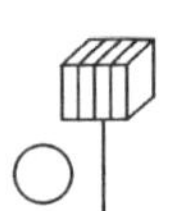

第5章　并行计算的二分技术

5.1　一阶线性递推

设计串行算法的一项基本技术是递推化。递推计算采取逐步推进的方式,其每一步计算要用到前面几步的信息。正是由于这种时序性,递推计算的并行化似乎存在实质性的困难。

设计递推计算问题的并行算法,国外许多学者建议采用倍增技术,这种设计技术从展开式入手展示了递推问题内在的并行性。

与倍增技术不同,本章所推荐的二分技术将直接开发递推算式本身的并行性,因而设计思想更简明,使用方法更简便。这种算法设计技术可广泛应用于众多类型的递推问题。

本节着重研究一阶线性递推问题,即寻求数列 x_i,$0\leqslant i\leqslant N-1$,使之满足

$$\begin{cases} x_0=b_0 \\ x_i=a_ix_{i-1}+b_i, \quad i=1,2,\cdots,N-1 \end{cases} \tag{18}$$

式中系数 a_i,b_i 为已给。

值得指出的是,只要引进矩阵和向量的记号,总可以将高阶线性递推归结为上述一阶线性递推的情形。

5.1.1　相关链的二分手续

为了便于刻画二分法的设计思想,首先引进相关链的概念。由于递推关系式反映了变元之间的相关性和时序性,一组有序的相关变元可抽象地表述为如下形式的**相关链**:

$$\cdots\rightarrow x_{i-j}\rightarrow x_i\rightarrow\cdots$$

其中相邻两元素 x_i 与 x_{i-j} 下标之差 j 称作**间距**。如果相关链各节的间距为定值，则将其称作**步长**。

对应于递推问题(18)的相关链有 N 节，即

$$x_0 \to x_1 \to \cdots \to x_{N-1}$$

这里步长等于 1。

设将上述相关链按其下标的奇偶拆成两条子链，则每条子链含 $N_1=N/2$ 节，即

$$\begin{cases} x_0 \to x_2 \to \cdots \to x_{N-2} \\ x_1 \to x_3 \to \cdots \to x_{N-1} \end{cases} \tag{19}$$

这样加工得出的递推问题有两个结果 x_0, x_1，且其步长等于 2。这是一种二分手续。

在保持**链数逐步倍增及步长逐步倍增**两项基本特征的前提下反复施行这一手续，则二分 k 次后得出 2^k 个结果 $x_i, i=0,1,\cdots,2^k-1$，且步长增至 2^k，相应地，所给相关链被加工成 2^k 条子链，每条子链含 $N_k=N/2^k$ 节，即

$$\begin{cases} x_0 \to x_{2^k} \to \cdots \to x_{N-2^k} \\ x_1 \to x_{2^k+1} \to \cdots \to x_{N-2^k+1} \\ \vdots \\ x_{2^k-1} \to x_{2^{k+1}-1} \to \cdots \to x_{N-1} \end{cases} \tag{20}$$

如此二分 $n=\log_2 N$ 次后，所给相关链最终退化为每条仅含一节的最简形式

$$x_0, x_1, \cdots, x_{N-1}$$

从而得出所求的解。

这种以下标的奇偶分离为特征的二分手续称作**奇偶二分**。这是最基本的一种二分手续。

对于 $N=8$ 的具体情形，相关链的奇偶二分过程如图 32 所示，图中用波纹线标出每一步的新结果。

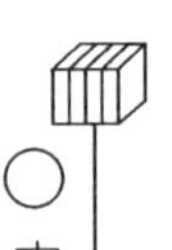

<table>
<tr><td colspan="8">$x_0 \to x_1 \to x_2 \to x_3 \to x_4 \to x_5 \to x_6 \to x_7$</td></tr>
<tr><td colspan="4">$x_0 \to x_2 \to x_4 \to x_6$</td><td colspan="4">$x_1 \to x_3 \to x_5 \to x_7$</td></tr>
<tr><td colspan="2">$x_0 \to x_4$</td><td colspan="2">$x_2 \to x_6$</td><td colspan="2">$x_1 \to x_5$</td><td colspan="2">$x_3 \to x_7$</td></tr>
<tr><td>x_0</td><td>x_4</td><td>x_2</td><td>x_6</td><td>x_1</td><td>x_5</td><td>x_3</td><td>x_7</td></tr>
</table>

二分过程

图 32　相关链的奇偶二分过程

5.1.2　算式的建立

现在运用消元手续具体建立上述奇偶二分法的算式。回到递推问题(18),利用它的第 $i-1$ 式从其第 i 式中消去 x_{i-1},得

$$\begin{cases} x_i = b_i^{(1)}, & i=0,1 \\ x_i = a_i^{(1)} x_{i-2} + b_i^{(1)}, & i=2,3,\cdots,N-1 \end{cases} \tag{21}$$

式中

$$a_i^{(1)} = a_i a_{i-1}, \quad i=2,3,\cdots,N-1 \tag{22}$$

$$b_i^{(1)} = \begin{cases} b_i, & i=0 \\ b_i + a_i b_{i-1}, & i=1,2,\cdots,N-1 \end{cases} \tag{23}$$

容易看出,式(21)可按下标的奇偶拆成两个规模减半的子问题,即

$$\begin{cases} x_0 = b_0^{(1)} \\ x_{2i} = a_{2i}^{(1)} x_{2i-2} + b_{2i}^{(1)}, & i=1,2,\cdots,N_1-1 \end{cases}$$

$$\begin{cases} x_1 = b_1^{(1)} \\ x_{2i+1} = a_{2i+1}^{(1)} x_{2i-1} + b_{2i+1}^{(1)}, & i=1,2,\cdots,N_1-1 \end{cases}$$

它们分别对应于形如式(19)的奇偶相关链。

前已指出,二分 k 步后加工得出的相关链式(20)含有 2^k 个结果 $x_i, i=0,1,\cdots,2^k-1$,且其步长增至 2^k,因此其相应的递推问题具有如下形式:

$$\begin{cases} x_i = b_i^{(k)}, & i=0,1,\cdots,2^k-1 \\ x_i = a_i^{(k)} x_{i-2^k} + b_i^{(k)}, & i=2^k,2^k+1,\cdots,N-1 \end{cases} \tag{24}$$

为了导出系数 $a_i^{(k)}, b_i^{(k)}$ 的计算公式,回到前一步加工得出的递推问题：

$$\begin{cases} x_i = b_i^{(k-1)}, & i=0,1,\cdots,2^{k-1}-1 \\ x_i = a_i^{(k-1)} x_{i-2^{k-1}} + b_i^{(k-1)}, & i=2^{k-1},2^{k-1}+1,\cdots,N-1 \end{cases} \tag{25}$$

显然，据此运用消元手续第 k 步可得出 2^{k-1} 个新结果：

$$x_i = a_i^{(k-1)} b_{i-2^{k-1}}^{(k-1)} + b_i^{(k-1)}, \quad i=2^{k-1},2^{k-1}+1,\cdots,2^k-1$$

从而与式(24)比较系数，有

$$b_i^{(k)} = \begin{cases} b_i^{(k-1)}, & i=0,1,\cdots,2^{k-1}-1 \\ b_i^{(k-1)} + a_i^{(k-1)} b_{i-2^{k-1}}^{(k-1)}, & i=2^{k-1},2^{k-1}+1,\cdots,2^k-1 \end{cases} \tag{26}$$

又据式(25)直接代入，得

$$\begin{aligned} x_i &= a_i^{(k-1)} \left(a_{i-2^{k-1}}^{(k-1)} x_{i-2^k} + b_{i-2^{k-1}}^{(k-1)} \right) + b_i^{(k-1)} \\ &= \left(a_i^{(k-1)} a_{i-2^{k-1}}^{(k-1)} \right) x_{i-2^k} + \left(a_i^{(k-1)} b_{i-2^{k-1}}^{(k-1)} + b_i^{(k-1)} \right) \end{aligned}$$

再与式(24)比较系数，知

$$\begin{cases} a_i^{(k)} = a_i^{(k-1)} a_{i-2^{k-1}}^{(k-1)}, \\ b_i^{(k)} = b_i^{(k-1)} + a_i^{(k-1)} b_{i-2^{k-1}}^{(k-1)}, \end{cases} \quad i=2^k,2^k+1,\cdots,N-1$$

将计算 $b_i^{(k)}$ 的上述两组算式归并在一起，即可归纳出求解方程组(18)的**奇偶二分算法**：

算法 8 对 $k=1,2,\cdots$ 直到 $n=\log_2 N$ 执行算式

$$a_i^{(k)} = a_i^{(k-1)} a_{i-2^{k-1}}^{(k-1)}, \quad i=2^k,2^{k+1},\cdots,N-1 \tag{27}$$

$$b_i^{(k)} = \begin{cases} b_i^{(k-1)}, & i=0,1,\cdots,2^{k-1}-1 \\ b_i^{(k-1)} + a_i^{(k-1)} b_{i-2^{k-1}}^{(k-1)}, & i=2^{k-1},2^{k-1}+1,\cdots,N-1 \end{cases} \tag{28}$$

则 $x_i = b_i^{(n)}, i=0,1,\cdots,N-1$ 即为所求。

5.1.3 二分算法的效能分析

考察奇偶二分法的算法 8。按式(27)、式(28)每一步需做两次运算(乘法、加法各一次)，共做 $n=\log_2 N$ 步，故其时间界

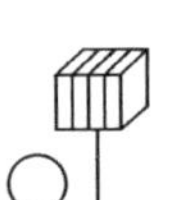

$$T^{*}=2\log_2 N$$

再考察该算法的第 k 步。为使每个系数 $a_i^{(k)}, b_i^{(k)}$ 各有一台处理机去独立计算，则按式(27)、式(28)所需的处理机台数为

$$P_k=(N-2^k)+(N-2^{k-1})=2N-3\times 2^{k-1}$$

因此，该算法的处理机台数界

$$P^{*}=\max_{1\leqslant k\leqslant n} P_k\approx 2N$$

注意到一阶线性递推问题串行计算的运行时间 $T_1=2(N-1)$，可知奇偶二分法的加速比

$$S=\frac{T_1}{T^{*}}\approx\frac{N}{\log_2 N}$$

而其效率

$$E=\frac{S}{P^{*}}\approx\frac{1}{2\log_2 N}$$

这一算法同叠加计算的二分法(4.2.5 节)具有相同的加速比，只是效率降低了。

5.2 三对角方程组

科学与工程计算往往归结为求解大规模的带状方程组，譬如下列形式的三对角方程组：

$$\begin{cases} b_0x_0+c_0x_1=f_0 \\ a_ix_{i-1}+b_ix_i+c_ix_{i+1}=f_i, \quad i=1,2,\cdots,N-2 \\ a_{N-1}x_{N-2}+b_{N-1}x_{N-1}=f_{N-1} \end{cases} \tag{29}$$

由于其具有实用背景，这类方程组的求解一直是并行算法研究的热门课题，受到人们的广泛关注。

众所周知，求解三对角方程组的一种行之有效的方法是追赶法。早期并行算法研究的热点是直接将追赶法并行化，挖掘出隐含在递推算式中的内在并行性。然而这样设计出的算法稳定性差，效果不理想。

以下运用二分技术设计求解三对角方程组(29)的并行算法。为便于描述算法,仍然假定 $N=2^n$,n 为整数。

5.2.1 相关链的二分手续

对于所给方程组(29),其每个变元 x_i 与“左邻”x_{i-1}“右舍”x_{i+1} 相关联,设将其相关性

$$a_i x_{i-1}+b_i x_i+c_i x_{i+1}=c_i$$

抽象地表达为如下形式的相关链:

$$x_{i-1}\leftrightarrow x_i\leftrightarrow x_{i+1}$$

这样,所给方程组(29)可抽象地表达为

$$x_0\leftrightarrow x_1\leftrightarrow\cdots\leftrightarrow x_{N-1}$$

其步长等于1。

假设通过某种手续,可将上列相关链按下标的奇偶拆成两条,即

$$x_0\leftrightarrow x_2\leftrightarrow\cdots\leftrightarrow x_{N-2}$$

$$x_1\leftrightarrow x_3\leftrightarrow\cdots\leftrightarrow x_{N-1}$$

则这样加工出的两条子链的步长均等于2。在保持**链数逐步倍增**及**步长逐步倍增**两项基本特征的前提下反复施行这一手续,则二分 k 步后加工出 2^k 条子链,其步长均等于 2^k,即

$$\begin{cases} x_0\leftrightarrow x_{2^k}\leftrightarrow\cdots\leftrightarrow x_{N-2^k} \\ x_1\leftrightarrow x_{2^k+1}\leftrightarrow\cdots\leftrightarrow x_{N-2^k+1} \\ \quad\vdots \\ x_{2^k-1}\leftrightarrow x_{2^{k+1}-1}\leftrightarrow\cdots\leftrightarrow x_{N-1} \end{cases} \tag{30}$$

如此二分 $n=\log_2 N$ 次,所给相关链最终被加工成每条仅含一节的最简形式:

$$x_0, x_1, \cdots, x_{N-1}$$

从而得出所求的解。

下面再就 $N=8$ 的情形具体描述上述加工方案。对于方程组

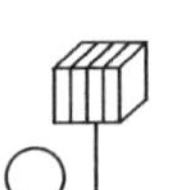

$$\begin{cases} b_0 x_0 + c_0 x_1 = f_0 \\ a_i x_{i-1} + b_i x_i + c_i x_{i+1} = f_i, \quad i=1,2,\cdots,6 \\ a_7 x_6 + b_7 x_7 = f_7 \end{cases} \tag{31}$$

相关链的加工过程如图 33 所示。

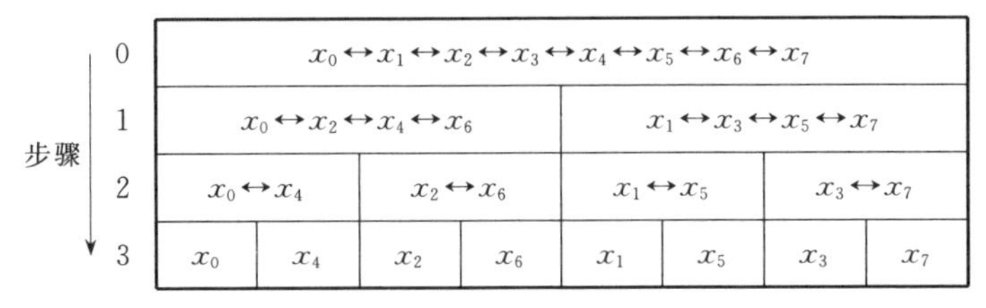

图 33　相关链的加工过程

具体地说,其第 1 步将所给方程组(31)加工成两个子系统:

$$\begin{cases} b_0^{(1)} x_0 + c_0^{(1)} x_2 = f_0^{(1)} \\ a_2^{(1)} x_0 + b_2^{(1)} x_2 + c_2^{(1)} x_4 = f_2^{(1)} \\ a_4^{(1)} x_2 + b_4^{(1)} x_4 + c_4^{(1)} x_6 = f_4^{(1)} \\ a_6^{(1)} x_4 + b_6^{(1)} x_6 = f_6^{(1)} \end{cases}$$

$$\begin{cases} b_1^{(1)} x_1 + c_1^{(1)} x_3 = f_1^{(1)} \\ a_3^{(1)} x_1 + b_3^{(1)} x_3 + c_3^{(1)} x_5 = f_3^{(1)} \\ a_5^{(1)} x_3 + b_5^{(1)} x_5 + c_5^{(1)} x_7 = f_5^{(1)} \\ a_7^{(1)} x_5 + b_7^{(1)} x_7 = f_7^{(1)} \end{cases}$$

它们分别对应于相关链 $x_0 \leftrightarrow x_2 \leftrightarrow x_4 \leftrightarrow x_6$ 与 $x_1 \leftrightarrow x_3 \leftrightarrow x_5 \leftrightarrow x_7$(见图 33)。重复这种二分手续,第 2 步进一步加工出 4 个子系统:

$$\begin{cases} b_0^{(2)} x_0 + c_0^{(2)} x_4 = f_0^{(2)} \\ a_4^{(2)} x_0 + b_4^{(2)} x_4 = f_4^{(2)} \end{cases} \qquad \begin{cases} b_2^{(2)} x_2 + c_2^{(2)} x_6 = f_2^{(2)} \\ a_6^{(2)} x_2 + b_6^{(2)} x_6 = f_6^{(2)} \end{cases}$$

$$\begin{cases} b_1^{(2)} x_1 + c_1^{(2)} x_5 = f_1^{(2)} \\ a_5^{(2)} x_1 + b_5^{(2)} x_5 = f_5^{(2)} \end{cases} \qquad \begin{cases} b_3^{(2)} x_3 + c_3^{(2)} x_7 = f_3^{(2)} \\ a_7^{(2)} x_3 + b_7^{(2)} x_7 = f_7^{(2)} \end{cases}$$

它们分别对应于相关链 $x_0 \leftrightarrow x_4$, $x_2 \leftrightarrow x_6$, $x_1 \leftrightarrow x_5$, $x_3 \leftrightarrow x_7$。最后,第 3 步将所给方程组(31)加工成如下形式:

$$b_i^{(3)} x_i = f_i^{(3)}, \quad i=0,1,\cdots,7$$

它对应于 8 条仅含一节的子链:

$$x_0, x_1, \cdots, x_7$$

从而立即得出所求的解

$$x_i = f_i^{(3)} / b_i^{(3)}, \quad i=0,1,\cdots,7$$

5.2.2 算式的建立

现在运用消元手续具体建立上述奇偶二分法的算式。

回到一般形式的三对角方程组(29)，利用它的第 $i-1$ 个方程和第 $i+1$ 个方程从其第 i 个方程中消去变元 x_{i-1} 和 x_{i+1}（不言而喻，其首、末两个方程需做特殊处理），结果加工得出

$$\begin{cases} b_i^{(1)} x_i + c_i^{(1)} x_{i+2} = f_i^{(1)}, & i=0,1 \\ a_i^{(1)} x_{i-2} + b_i^{(1)} x_i + c_i^{(1)} x_{i+2} = f_i^{(1)}, & i=2,3,\cdots,N-3 \\ a_i^{(1)} x_{i-2} + b_i^{(1)} x_i = f_i^{(1)}, & i=N-2,N-1 \end{cases}$$

式中

$$a_i^{(1)} = -a_i a_{i-1} / b_{i-1}, \quad i=2,3,\cdots,N-1$$

$$b_i^{(1)} = \begin{cases} b_i - c_i a_{i+1} / b_{i+1}, & i=0,1 \\ b_i - a_i c_{i-1} / b_{i-1} - c_i a_{i+1} / b_{i+1}, & i=2,3,\cdots,N-3 \\ b_i - a_i c_{i-1} / b_{i-1}, & i=N-2,N-1 \end{cases}$$

$$c_i^{(1)} = -c_i c_{i+1} / b_{i+1}, \quad i=0,1,\cdots,N-3$$

$$f_i^{(1)} = \begin{cases} f_i - c_i f_{i+1} / b_{i+1}, & i=0,1 \\ f_i - a_i f_{i-1} / b_{i-1} - c_i f_{i+1} / b_{i+1}, & i=2,3,\cdots,N-3 \\ f_i - a_i f_{i-1} / b_{i-1}, & i=N-2,N-1 \end{cases}$$

可以看出，上述消元手续的特点在于，它从奇(偶)数编号的方程中消去偶(奇)数编号的变元，从而将下标为奇偶的变元相互分离开来，就是说，将所给方程组(29)加工成下标分别为奇偶的两个子系统：

$$\begin{cases} b_0^{(1)} x_0 + c_0^{(1)} x_2 = f_0^{(1)} \\ a_{2i}^{(1)} x_{2i-2} + b_{2i}^{(1)} x_{2i} + c_{2i}^{(1)} x_{2i+2} = f_{2i}^{(1)}, \quad i=1,2,\cdots,N/2-2 \\ a_{N-2}^{(1)} x_{N-4} + b_{N-2}^{(1)} x_{N-2} = f_{N-2}^{(1)} \end{cases}$$

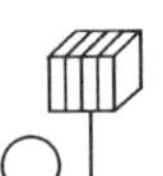

$$\begin{cases} b_1^{(1)}x_1+c_1^{(1)}x_3=f_1^{(1)} \\ a_{2i+1}^{(1)}x_{2i-1}+b_{2i+1}^{(1)}x_{2i+1}+c_{2i+1}^{(1)}x_{2i+3}=f_{2i+1}^{(1)}, \quad i=1,2,\cdots,N/2-2 \\ a_{N-1}^{(1)}x_{N-3}+b_{N-1}^{(1)}x_{N-1}=f_{N-1}^{(1)} \end{cases}$$

可见,上述消元手续是一项奇偶二分手续。反复施行这种二分手续加工 k 步,其相关链如式(30)所示,相应地,所给方程组(29)被加工成如下形式:

$$\begin{cases} b_i^{(k)}x_0+c_i^{(k)}x_{i+2^k}=f_i^{(k)}, & i=0,1,\cdots,2^k-1 \\ a_i^{(k)}x_{i-2^k}+b_i^{(k)}x_i+c_i^{(k)}x_{i+2^k}=f_i^{(k)}, & i=2^k,2^k+1,\cdots,N-2^k-1 \\ a_i^{(k)}x_{i-2^k}+b_i^{(k)}x_i=f_i^{(k)}, & i=N-2^k,N-2^k+1,\cdots,N-1 \end{cases}$$

仿照5.1.2节关于一阶线性递推的处理方法,不难导出如下算式:

$$a_i^{(k)}=-a_i^{(k-1)}a_{i-2^{k-1}}^{(k-1)}/b_{i-2^{k-1}}^{(k-1)}, \quad i=2^k,2^k+1,\cdots,N-1$$

$$b_i^{(k)}=\begin{cases} b_i^{(k-1)}-c_i^{(k-1)}a_{i+2^{k-1}}^{(k-1)}/b_{i+2^{k-1}}^{(k-1)}, \quad i=0,1,\cdots,2^k-1 \\ b_i^{(k-1)}-a_i^{(k-1)}c_{i-2^{k-1}}^{(k-1)}/b_{i-2^{k-1}}^{(k-1)}-c_i^{(k-1)}a_{i+2^{k-1}}^{(k-1)}/b_{i+2^{k-1}}^{(k-1)}, \\ \qquad\qquad i=2^k,2^k+1,\cdots,N-2^k-1 \\ b_i^{(k-1)}-a_i^{(k-1)}c_{i-2^{k-1}}^{(k-1)}/b_{i-2^{k-1}}^{(k-1)}, \\ \qquad\qquad i=N-2^k,N-2^k+1,\cdots,N-1 \end{cases}$$

$$c_i^{(k)}=-c_i^{(k-1)}c_{i+2^{k-1}}^{(k-1)}/b_{i+2^{k-1}}^{(k-1)}, \quad i=0,1,\cdots,N-2^k-1$$

$$f_i^{(k)}=\begin{cases} f_i^{(k-1)}-c_i^{(k-1)}f_{i+2^{k-1}}^{(k-1)}/b_{i+2^{k-1}}^{(k-1)}, \quad i=0,1,\cdots,2^k-1 \\ f_i^{(k-1)}-a_i^{(k-1)}f_{i-2^{k-1}}^{(k-1)}/b_{i-2^{k-1}}^{(k-1)}-c_i^{(k-1)}f_{i+2^{k-1}}^{(k-1)}/b_{i+2^{k-1}}^{(k-1)}, \\ \qquad\qquad i=2^k,2^k+1,\cdots,N-2^k-1 \\ f_i^{(k-1)}-a_i^{(k-1)}f_{i-2^{k-1}}^{(k-1)}/b_{i-2^{k-1}}^{(k-1)}, i=N-2^k,N-2^k+1,\cdots,N-1 \end{cases}$$

容易看出,按照上述二分消元手续加工 $n=\log_2 N$ 步,所给方程组(29)最终退化为下列形式:

$$b_i^{(n)}x_i=f_i^{(n)}, \quad i=0,1,\cdots,N-1$$

因此有

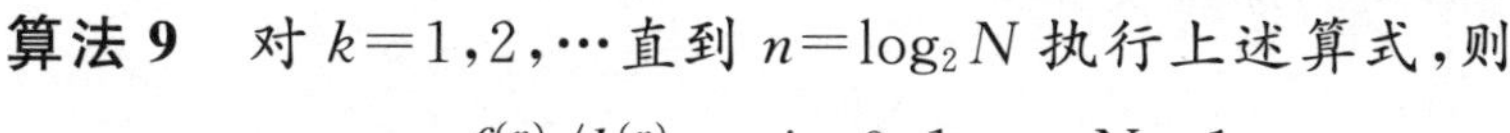

算法 9 对 $k=1,2,\cdots$ 直到 $n=\log_2 N$ 执行上述算式，则

$$x_i=f_i^{(n)}/b_i^{(n)},\quad i=0,1,\cdots,N-1$$

即为方程组(29)的解。

小　结

我们生活在一个巨变的时代。并行机的出现，使科学计算领域发生了翻天覆地的变化。一个并行机系统可能拥有成千上万台处理机。面对这样一个全新的计算平台，人们感到迷茫。国外一些权威专家强调，并行算法是一门“全新”的算法，在设计并行算法过程中必须彻底摆脱传统算法设计思想的“束缚”。

“串行”与“并行”难道是水火不容、不可调和的吗？

本篇侧重于同步并行算法的研究，所展示的研究成果表明，串行算法与并行算法是一脉相承的。

在众多形形色色的计算模型中，数列求和无疑是最简单的。本篇以这种简单模型作为并行算法设计的源头，透过它阐述并行算法设计的基本策略与基本特征。

数列求和是一种累加过程，它具有时序性与递推性。事实上，累加求和

$$\begin{cases}S_0=a_0\\S_i=S_{i-1}+a_i,\quad i=1,2,\cdots,N-1\end{cases}$$

本质上是个递推过程：

$$S_0\rightarrow S_1\rightarrow\cdots\rightarrow S_{N-1}$$

我们看到，数列求和的二分算法将这种递推过程加工成如图 31 所示的递推结构。由此可见，递推不是串行算法的专利，并行算法进一步强化了递推结构。

现在着重剖析一阶线性递推的二分法(参看 5.1 节)，其设计思想

是将一个横向的递推关系式

$$x_0 \to x_1 \to x_2 \to x_3 \to x_4 \to x_5 \to x_6 \to x_7$$

沿纵向进行分裂：

$$x_0 \to x_2 \to x_4 \to x_6 ,\quad x_1 \to x_3 \to x_5 \to x_7$$

然后再归并在一起，即加工成既含横向（规模压缩）又含纵向（问题分裂）的递推关系：

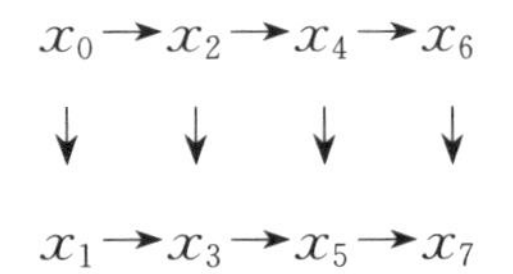

注意，这里纵向标出的是原先的递推关系，而横向的递推关系则是新生的。据此可以看出，**从串行算法到并行算法，不但没有否定或者削弱递推，而是进一步强化并发展了递推结构。实质上，它是将一个仅含横向的一维递推结构加工成既含横向又含纵向的二维递推结构。由此可见，串行算法与并行算法既是矛盾对立的，又是和谐统一的。**

然而无可非议的是，递推计算是并行算法设计的困难所在。前人提出的倍增技术试图绕开这个难点，而将递推关系式转化为某种累算形式的展开式来处理。这种“节外生枝”的处理方法增加了问题的复杂性。

与此不同，本篇所推荐的二分技术直接开发递推算式内在的并行性。借助于形象直观的相关链，二分法着眼于二分手续的设计。

需要指出的是，在介绍并行算法时，本篇尽量回避算法的简单罗列，力图通过一些典型算法揭示同步并行算法的二分技术的有效性。运用二分技术可以设计出一系列优秀的并行算法。笔者所在的华中科技大学并行计算研究所，在 20 世纪 80 年代中期曾针对国产银河巨型机研制成功了一个“线性代数二分法软件包”。

现今人类科学计算已进入超级计算（简称超算）的新时代。面对成千上万个处理机的超级计算机系统，并行算法的设计技术需要创

新。然而我们看到，这种创新不是对传统算法的简单否定，更不是将传统算法全盘摈弃。创新往往是传统的延伸与升华。我们坚持温故知新，推陈出新，会通古今，让中华神算在新时代重现光彩，再一次绽放出美丽的奇葩。

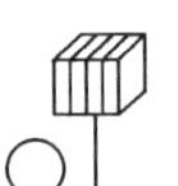

结语　新数学呼唤新思维

回顾逐渐远去的20世纪，谁也不会怀疑这样的事实：这一世纪的科学技术取得了惊人的成就，在科学史上留下了辉煌的篇章。然而同样无可置疑的事实是，20世纪科学技术每一次重大突破，首先是思维方式的突破，是思想解放的结果。

牛顿和惠更斯都是一代科学巨人，但他们关于光的本质问题却各执己见。牛顿认为光是一些离散分布的粒子，而惠更斯则认为光是连续传播的波。这两种学说的拥护者们彼此争斗了200多年。这场论战直到20世纪初"光量子理论"提出后才宣告结束。

爱因斯坦的光量子理论实质上是波粒二象性学说。这种学说既把光看作是离散分布的粒子，同时又把它看作连续传播的波。爱因斯坦——这位20世纪的科学泰斗，在谈及自己的成就和才能时，只是平淡地说：

我只不过是叫人们换一种思维方式而已。

20世纪数学的发展是健康的，这一点已为科学的实践所证实。20世纪的数学发展同时又是有缺陷的，当代一些卓有见识的数学家已经觉察到传统数学所面临的危机。

当今数学越来越复杂，有些数学证明的冗长和繁杂已经到了完全令人无法接受的程度。

17世纪的法国数学家费马(Fermat，1601—1665)曾在一本书的夹缝里，记载了被后世称为"费马大定理"的下述命题：

"当 $n>2$ 时，方程 $x^n+y^n=z^n$ 无整数解。"

费马还在这个命题下面写了一段潦草的文字："我发现了一个绝妙的证法，可惜这一页边上空白太小，无法记录下来。"[①]

费马大定理的涵义质朴而浅显，但其证明却异常困难。费马那本书的页边空白真不该那么小，以致写不下他的"绝妙证法"。350 多年来，多少数学家绞尽脑汁，试图找到一种证法，但都以失败告终。

石破天惊。1993 年 6 月，普林斯顿大学的 A. J. Wiles 教授在剑桥大学的一次学术会议上宣称他证明了费马大定理。然而令人失望的是，这份证明冗长而繁杂，其摘要竟长达 200 多页。谁能确认其中没有错误和疏漏呢？

这种证法能算作是绝妙的吗？一个一目了然的命题，一种无法弄懂的证法，传统的数学语言竟显得这样软弱无力。难怪有人讥讽说：费马大定理的这个证明，是一种"正在消逝的文化的最后挣扎！"

数学，作为一种最受传统束缚的智力活动，目前正经历着深刻的危机。

"危机"这个名词，本身包含有危险、困难与机会、机遇两重涵义。传统数学方法所面临的危机，给当代数学家们提供了新的机遇，它激励人们去探索、去变革、去创新。正如希尔伯特所说的，人们不应该单纯地追求某个数学难题的证明，而是应该"通过这个问题的解决，发现新方法和新观念，达到更为广阔而自由的境界"。

东西方两大文明的一次大碰撞

什么是数学中的"新思维"？温故而知新，让我们越过 300 年的时间跨度，再回顾数学史上的一桩重大事件，从中汲取有益的启示。

我们正处于计算机时代，计算机的广泛应用和不断更新，已成为

---

① 李心灿，黄汉平. 数坛英豪[M]. 北京：科学普及出版社，1989.

推动高新科技迅猛发展的强大杠杆。不过耐人寻味的是,现代计算机同古老的中华文明曾结有不解之缘。

我们知道,电子计算机的设计原理基于二进制算术。莱布尼茨因发明二进制而被尊为"计算机之父",然而促成莱布尼茨发表其有关二进制的论文则是一个偶然的事件。

那是在十七、十八世纪之交的1700年前后,当时在中国传教的白晋神父(Joachim Bouvet)给莱布尼茨寄去了两张易图——伏羲六十四卦次序图与伏羲六十四卦方位图。对数学有超人直觉的莱布尼茨惊奇地发现,易图的卦序竟同他多年酝酿的二进制算术"完全吻合"。他对这一"不可思议的新发现"激动不已,在给白晋的回信中说[①]:

"我居然发现了从未使用过的计算方法,这新方法对一切发人深省的数学都放射着异常的光彩,并且借此方法的帮助,对人类所难理解的学问也极有贡献。我们试从各种材料加以考察。我们知道古代的伏羲把握着此方法的宝钥。"

二进制算术与易学的契合,莱布尼茨对伏羲的敬仰,是东西方两大文明的一次大碰撞。这一碰撞迸发出耀眼的火花。正是这一事件,触发莱布尼茨发表了其划时代意义的学术论文:《论二进制算术》。

事物演化的离散动力系统

20世纪的数学风雷激荡,以分形、混沌为代表的现代数学正向传统数学发起猛烈的冲击。**与传统数学不同,现代数学是关于过程的数学而不是状态的数学,是关于演化的数学而不是演绎的数学。**现代数学不再满足于孤立、静止地描述事物的状态,而是力图全面、动态地考察事物演化的全过程。现代数学的一个基本模式是图34所示的**离散**

① [日]五来欣造.儒教对于德国政治思想的影响[M].刘百闵,刘燕谷,译.北京:商务印书馆,1938.

动力系统。

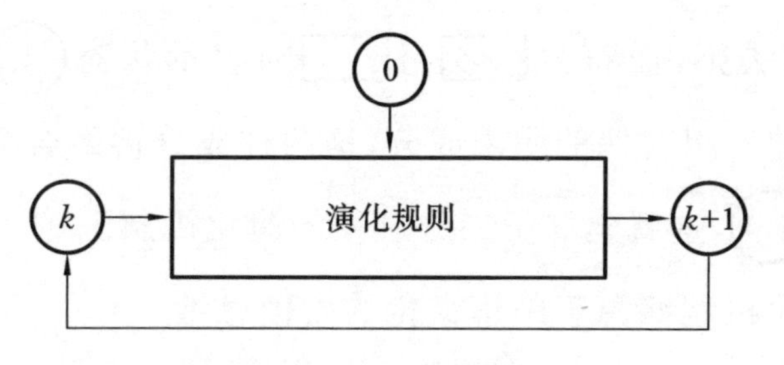

图 34　离散动力系统

图中 (k) 表示数学模型的第 k 个**状态**，**初态** (0) 即为所考察的数学问题，从老状态 (k) 到新状态 $(k+1)$ 称作一个进程。前后两种状态分别称作这一进程的**始态**与**终态**。这种演化过程是递归的，一个进程完成后，将上一进程的终态视作始态再开始新的进程。这样不断重复地演化下去。

这类演化系统使现代数学充满了活力与生机，但同时也带来了一系列新的问题。

动力系统需要“动力”

基于中华传统文化的太极思维，我们提出了刻画事物演化过程的二分演化模式，如图 35 所示。

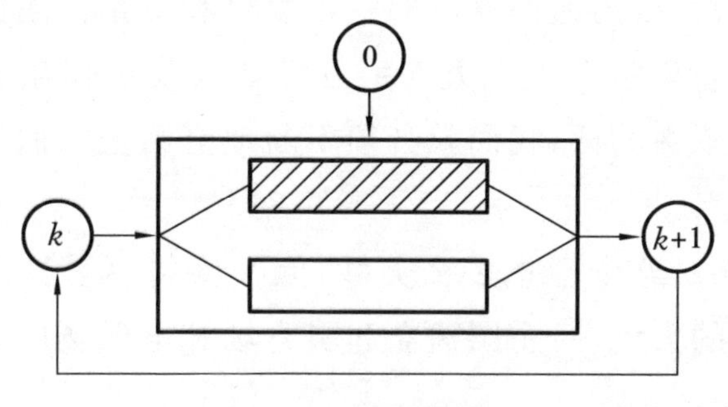

图 35　二分演化模式

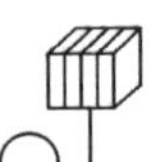

图中“＜”与“＞”分别表示状态的分裂(一分为二)与合成(合二为一)两种演化法则,而符号▨与□则表示状态$\textcircled{k}$经分裂法则“＜”分离出的一组对偶的阴阳成分,这两种成分再经合成法则“＞”生成新的状态$\textcircled{k+1}$,这就建立了二分过程的演化机制。

二分演化机制渊源于中华文化的太极思维。

太极思维的立足点是阴阳观。按照《周易・系辞》的说法,“一阴一阳之谓道”。太极思维认为,事物的阴阳属性具有“分”(相互排斥)与“合”(彼此吸引)两种对立的倾向,亦即既承认阴阳的对峙,“非此即彼”,同时又承认阴阳的合和,“相反相成”。这就是说,**一方面强调“刚柔相推”而生变化,即阴阳二分是事物变化的根本原因;另一方面又认为阴阳合和是事物发展的最佳状态,提倡“保合太和”。**

一分一合,先分后合,使事物从一种状态演化成另一种新的状态,如此反复演化,这就是事物演化的二分机制。

探索简明统一的学科体系

研究现代科技实在太难了。首先是学知识。要学的知识那么多,新的知识仍在不断涌现,所涉及的文献著作数以千万计。俗话说“学海无涯苦作舟”,无涯的学海仅靠一叶“苦舟”就能到达成功的彼岸吗?前人用自己的智慧和辛劳创造了大量的知识,某些“知识”正吞噬着后人的精力和灵性,成为人们身心的一种累赘和负担。人们正翘首企盼着变革。一些著名学者也在大声疾呼:“如果我们积累起来的知识要一代一代地传下去的话,我们就必须不断地努力把它们加以简化和统一。”①

科学的统一,这个理想多么美妙,但又谈何容易!爱因斯坦就曾经梦想过科学的大统一,企图建立起引力场和电磁场的统一场论。这

---

① M.阿蒂亚.数学的统一性[M].袁向东,译.南京:江苏教育出版社,1995.

一探索始终未能取得具有物理意义的成功，但却几乎耗尽了他整个后半生的精力。不过，**爱因斯坦的伟大理想却给我们指明了前进的方向：**

“以最适当的方式画出一幅简化的、易于领悟的世界图像。”①

“寻求一个能把观察到的事实联结在一起的思想体系，这个体系具有最大可能的简单性。”②

①② 爱因斯坦.爱因斯坦文集(第1卷)[M].许良英，李宝恒，赵中立，等，译.北京：商务印书馆，1976.

图书在版编目(CIP)数据

中华神算.上册/王能超，王学东著.—武汉：华中科技大学出版社，2018.8
ISBN 978-7-5680-4293-2

Ⅰ.①中… Ⅱ.①王… ②王… Ⅲ.①数学史-中国-古代 Ⅳ.①O112

中国版本图书馆CIP数据核字(2018)第184834号

中华神算(上册) 王能超 王学东 著
Zhonghua Shensuan(Shangce)

策划编辑：姜新祺 王汉江
责任编辑：王汉江
封面设计：杨玉凡
责任校对：张会军
责任监印：周治超
出版发行：华中科技大学出版社(中国·武汉) 电话：(027)81321913
武汉市东湖新技术开发区华工科技园 邮编：430223
录 排：武汉市洪山区佳年华文印部
印 刷：武汉科源印刷设计有限公司
开 本：710mm×1000mm 1/16
印 张：10.5 插页：2
字 数：142千字
版 次：2018年8月第1版第1次印刷
定 价：39.80元

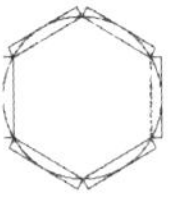